Доклады Независимых Авторов

Периодическое многопрофильное научно-техническое издание

Выпуск №4

Вычислительная техника
Математика
Машиностроение
Неоконченные истории науки
Психология
Теоретическая механика
Физика и астрономия
Энергетика

Россия - Израиль
2006

The Papers of
independent Authors

(volume 4, in Russian)

Russia - Israel
2006

Дизайн – Дубсон И.С.
Техническое редактирование - Хмельник С.И., Дубсон И.С.
Отправлено в печать 5 декабря 2006
Напечатано в США, Lulu Inc., каталожный № **322884**
ISBN 978-1-4303-0460-9
Сайт со сведениями для автора - http://dna.izdatelstwo.com
Контактная информация - publisher-dna@hotmail.com
Факс: +972-8-8691348
Адрес: POB 15302, Bene-Ayish, Israel, 79845
Форма ссылки: *Автор. Статья*, «Доклады независимых авторов», изд. «DNA», Россия-Израиль, 2006, вып. 4.

Истина – дочь времени, а не авторитета.
Френсис Бэкон

От издателя

"Доклады независимых авторов" - многопрофильный научно-технический печатный журнал на русском языке. Журнал принимает статьи к публикации из России, стран СНГ, Израиля, США, Канады и других стран. При этом соблюдаются следующие правила:

- статьи не рецензируются и издательство не отвечает за содержание и стиль публикаций;
- журнал регистрируется в международном классификаторе книг ISBN, передается и регистрируется в национальных библиотеках России, США, Израиля;
- приоритет и авторские права автора статьи обеспечиваются регистрацией журнала в ISBN;
- коммерческие права автора статьи сохраняются за автором;
- журнал издается в Израиле и печатается в США;
- журнал в печатном виде продается по себестоимости (для издательства), а в электронном виде распространяется бесплатно;
- автор оплачивает публикацию, но только после того, как журнал с его статьей выйдет из печати.

Этот журнал - для тех авторов, которые уверены в себе и не нуждаются в одобрении рецензента. Нас часто упрекают в том, что статьи не рецензируются. Но институт рецензирования не является идеальным фильтром - пропускает неудачные статьи и задерживает оригинальные работы. Не анализируя многочисленные причины этого, заметим только, что, если плохие статьи может отфильтровать сам читатель, то выдающиеся идеи могут остаться неизвестными. Поэтому мы - за то, чтобы ученые и инженеры имели право (подобно писателям и художникам) публиковаться без рецензирования и не тратить годы на "пробивание" своих идей. Как выразился французский министр культуры Renaud Donnedieu de Vabres, "мы только хотим, чтобы все люди имели возможность распространять влияние своих собственных талантов".

Хмельник С.И.

Содержание

Серия: ВЫЧИСЛИТЕЛЬНАЯ ТЕХНИКА

Хмельник С.И.

Позиционное кодирование комплексных чисел и векторов

Аннотация

Описывается малоизвестная теория позиционного кодирования комплексных чисел и векторов, которая может быть применена для разработки специализированных процессоров. Описывается структура кодов, алгоритмы кодирования, декодирования и арифметических операций. Теория дополняется многочисленными примерами.

Оглавление

Введение

Компьютерная арифметика сложных математических объектов берет свое начало в статье Шеннона о позиционном кодировании действительных чисел по отрицательному основанию [1]. Эта идея, по-видимому, впервые была реализована в Польше [2] и побудила (по-видимому) нескольких авторов к разработке методов кодирования комплексных чисел. Практически одновременно Кнут [3] предложил систему кодирования по основанию $j\sqrt{2}$, а Хмельник [4] предложил несколько систем, в т.ч. по основаниям $j\sqrt{2}$ и $(-1+j)$. Основание $(-1+j)$ позднее рассмотрел Penney [5]. Методы кодирования комплексных чисел и векторов, точность кодирования, алгоритмы кодирования и декодирования, различные операции с построенными кодами комплексных чисел и векторов подробно рассмотрены в [6]. В данной статье только суммируются сведения о различных позиционных кодах комплексных чисел и векторов.

Предпочтение, отдаваемое именно позиционным кодам, объясняется, главным образом, тем, что с ними очень просто выполняются арифметические операции. Так, вне зависимости от объекта кодирования, сложение позиционных кодов связано с распространением переносов от младших разрядов к старшим, а умножение состоит из сдвигов (то-есть перенумераций разрядов) и сложений. Метод 'цифра за цифрой' для деления и вычисления элементарных и более сложных функций вообще применим только в сочетании с позиционной системой кодирования.

1. О методе позиционного кодирования

В этом разделе будут рассмотрены позиционные коды многомерных векторов Z, основанные на их представлении в виде разложения

$$Z = \sum_m r_m f(\rho, \ m),\tag{1}$$

где

m - номер разряда,

ρ - основание кодирования, число или вектор,

$f(\rho, \ m)$ - базовая функция номера и основания,

r - разряд разложения, число или вектор, принимающий значения из ограниченного множества $A_R = \{a_0, a_1, a_2, ..., a_j, ..., a_{R-1}\}$, содержащего R различных величин a_j.

Позиционный код вектора Z, соответствующий этому разложению, имеет вид

$$K(Z) = ... \sigma_m ...,$$

где σ_m - цифра, обозначающая величину r_m. Формула (1) включает операции сложения и умножения. Для существования алгоритмов операций с такими разложениями (или, что одно и тоже, с позиционными кодами) сложение и умножение должны быть ассоциативными и коммутативными, а также подчиняться дистрибутивному закону. Следовательно, для возможности позиционного кодирования некоторого множества объектов это множество должно составлять кольцо. Такому требованию удовлетворяет множество действительных чисел и множество многомерных векторов, в котором определены операции сложения и умножения на число. Для действительных чисел позиционные системы известны. Для указанного множества векторов ниже будет построена позиционная система счисления с действительным основанием.

Множество комплексных чисел составляет кольцо и для него также будут построены позиционные системы счисления по действительному и комплексному основаниям.

Для построения позиционной системы счисления многомерных векторов по векторному основанию должна быть определена операция умножения векторов, подчиняющаяся вышеперечисленным законам. Другими словами, должна быть определена алгебра в многомерном векторном пространстве. Это сделано ниже.

Вначале рассмотрим два способа кодирования, а затем перейдем к более общему и строгому описанию метода позиционного кодирования.

2. Два способа синтеза кодов комплексных чисел

Позиционные коды комплексных чисел могут быть получены некоторой композицией кодов действительных чисел по отрицательному основанию. Здесь и далее j - мнимая единица.

Пусть X_α и X_β - действительные числа, заданные двоичными разложениями по основанию $\rho = -2$, то есть

$$X_\alpha = \sum_{(m)} \alpha_m \rho^m , X_\beta = \sum_{(m)} \beta_m \rho^m .$$

Этим разложениям соответствуют коды

$$K(X_\alpha) = \alpha_m , K(X_\beta) = \beta_m .$$

Существуют два способа объединения этих двух кодов в единый код комплексного числа. **Первый** из них заключается в том, что пара разрядов α_m и β_m обозначается одной цифрой σ_m. При этом образуется код

$$K(Z) = ...\sigma_m...$$

комплексного числа $Z = X_\alpha + j \cdot X_\beta$ по основанию $\rho = -2$ с разрядами, принимающими одно из четырех значений:

$$\sigma_m \in \{0, 1, j, 1+j\}.$$

Рассмотрим комплексную функцию от действительного целого аргумента m:

$$\rho_2 = \begin{cases} (-2)^{m/2} \text{ if } m - \text{even} \\ j(-2)^{m-1/2} \text{ if } m - \text{odd} \end{cases} \tag{2}$$

При этом рассматриваемый код комплексного числа по основанию (-2) с комплексными значениями разрядов может рассматриваться как код комплексного числа по основанию ρ_2 с двоичными разрядами. Этому коду соответствует разложение комплексного числа в виде $Z = \sum\limits_m (\sigma_m \rho_2)$. где двоичные разряды

$$\sigma_m = \begin{cases} \alpha_m \text{ if } m - \text{even} \\ j \cdot \beta_m \text{ if } m - \text{odd} \end{cases}.$$ Для иллюстрации запишем коды

некоторых характерных чисел в этой этой системе: $K(2) = 10100$, $K(-2) = 100$, $K(-1) = 101$, $K(j) = 10$, $K(-j) = 1010$, $K(2j) = 101000$.

Второй способ объединения этих двух кодов в единый код комплексного числа состоит в построении последовательности чередующихся разрядов α_m и β_m:

$$\ldots \beta_{m+1} \alpha_{m+1} \beta_m \alpha_m \beta_{m-1} \alpha_{m-1} \ldots$$

Обозначим $\alpha_m = \sigma_{2m}$, $\beta_m = \sigma_{2m+1}$ и перепишем указанную последовательность в ином виде:

$$\ldots \sigma_{k+3} \sigma_{k+2} \sigma_{k+1} \sigma_k \sigma_{k-1} \sigma_{k-2}$$

где $k=2m$. Эта последовательность является двоичным кодом

$$K(Z) = \ldots \sigma_m \ldots$$

некоторого комплексного числа Z. Можно показать (и это будет сделано ниже), что код, полученный таким способом, является двоичным кодом по основанию $\rho = \pm j\sqrt{2}$, а закодированное число $Z = X_\alpha + \rho \cdot X_\beta$.

Таким образом, некоторые композиции двоичных кодов действительных чисел по основанию $\rho = -2$ образуют коды комплексных чисел. При выполнении алгебраического сложения комплексных чисел такие коды можно рассматривать как простую совокупность кодов действительных чисел и выполнять одноименную операцию с каждой парой действительных чисел независимо. В то же время с такими кодами выполнимы операции умножения и деления. При этом операции умножения и деления состоят, как обычно, из циклов 'сдвиг-сложение'.

3. Метод кодирования точек многомерного пространства

Метод кодирования точек многомерного эвклидова пространства должен устанавливать некоторое соответствие между этими точками и кодами из некоторого множества. Это соответствие, вообще говоря, может быть не взаимно-однозначным. Но для возможности однозначного декодирования каждому коду должна соответствовать только одна точка кодируемого пространства. В то же время даже ограниченная область пространства содержит несчетное множество точек. Следовательно, множество соответствующих кодов также несчетно и среди них должны быть коды с бесконечным числом разрядов (**бесконечные коды**). Однако в практике вычислений могут использоваться только **конечные коды**, а множество конечных кодов ограниченно.

Для того, чтобы в этих условиях сохранить соответствие между кодами и точками пространства, естественно ограниченную кодируемую область G разбить на ограниченное множество областей δ определенного размера и конфигурации так, чтобы каждая точка области G находилась в одной из областей δ. Тогда между множеством конечных кодов и множеством областей δ можно установить взаимно-однозначное соответствие.

Такой способ кодирования точек многомерного пространства является приближенным. Действительно, всем точкам $Z_j \in \delta_i$ соответствует единственный код K_i. Однако при декодировании кода K_i образуется единственная точка Z_i. Обозначим радиус-вектор точки Z символом $\overline{Z}$. Разность $\Delta Z_j = |\overline{Z}_j - \overline{Z}_i|$ определяет абсолютную погрешность кодирования точки Z_j.

В качестве иллюстрации рассмотрим рис. 1, где изображена область Z_j двумерного пространства, разбитая на области δ.

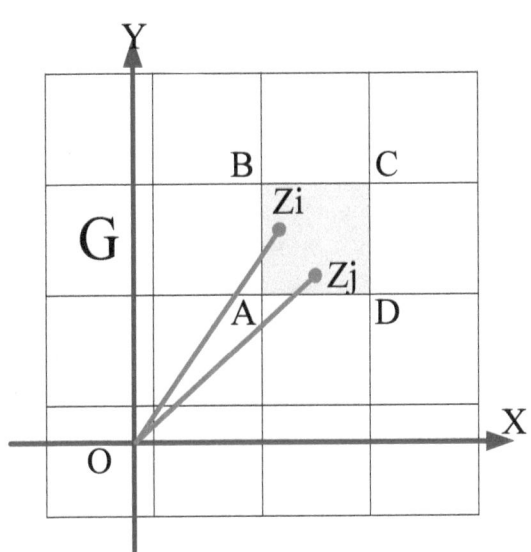

Рис. 1. Кодирование двумерной области

На этом рисунке выделена область δ_i = ABCD, причем области δ_i принадлежит также ее нижняя (AD) и правая (CD) границы. В области δ_i выделена базисная точка Z_i и некоторая точка $Z_j \in \delta_i$. Длина отрезка ΔZ_j характеризует абсолютную погрешность кодирования точки Z_j.

Итак, изложенный принцип кодирования точек многомерного пространства заключается в следующем:

- ограниченная область G кодируемого пространства разделяется на ограниченное множество равных областей δ_i (*i*=1, 2,..., N), причем $G = Y\delta_i$ и $\delta_i \, \mathrm{I} \, \delta_j = \varnothing$ при $i \neq j$;

- определяется множество конечных кодов K_i (*i*=1, 2,...,N);

- между областями и кодами устанавливается взаимно-однозначное соответствие.

При соблюдении этих условий будем говорить, что **система кодирования** области G многомерного пространства удовлетворяет **принципу кодирования** и область G кодируется с **дискретностью** δ. *Следующие две леммы очевидны.*

Лемма 1. *Система кодирования области G удовлетворяет принципу кодирования, если $V=NU$, и обратно, где*

U - объем области δ ,

V - объем области G,

N - мощность множества конечных кодов.

Лемма 2. Система кодирования области G, удовлетворяющая принципу кодирования, является **полной** (то есть любой точке соответствует конечный код), **неизбыточной** (то есть каждой точке соответствует единственный конечный код) и **приближенной** (то есть подмножеству точек-векторов, модуль разности которых не превышает некоторой величины, соответствует один конечный код).

Рассмотрим множество n-разрядных кодов вида

$$K = \alpha_{n-1}...\alpha_k...\alpha_1\alpha_0 ,(3)$$

где α_k - цифра, принимающая одно из R_k значений, причем $R_k > 1$ и целое число.

Лемма 3. Если система кодирования удовлетворяет принципу кодирования, то при увеличении разрядности конечных кодов и сохранении дискретности кодирования объем кодируемой области увеличивается также, как мощность множества конечных кодов, и обратно.

Доказательство. Мощность множества конечных кодов

$$N_n = \prod_{k=1}^{n} R_k .\tag{4}$$

Пусть это множество кодов удовлетворяет принципу кодирования и кодирует область G_n с дискретностью δ. В соответствии с леммой 1 количество областей δ, содержащихся в области G_n, также равно N_n, а область G_n имеет объем

$$V_n = N_n U .\tag{5}$$

Увеличим теперь разрядность кодов на единицу, то-есть добавим разряд α_n, принимающий одно из R_n значений. Очевидно

$$N_{n+1} = R_n N_n .\tag{6}$$

Пусть новое множество кодов также удовлетворяет принципу кодирования и кодирует область G_{n+1} с той же дискретностью

δ . Количество областей δ , содержащихся в области G_{n+1}, равно N_{n+1}, то-есть область G_{n+1} имеет объем

$$V_{n+1} = N_{n+1}U . \qquad (7)$$

Совмещая три последние формулы, находим, что

$$V_{n+1} = R_{n+1}V_n, \qquad (8)$$

то-есть прямая часть леммы доказана.

По условию обратной части леммы справедливы формулы (5), (6), (8). Из них следует (7), откуда в соответствии с леммой 1 получаем доказательство обратной части данной леммы.

Рассмотрим теперь позиционную систему кодирования. В этой системе каждому позиционному коду

$$K(Z) = \alpha_n ... \alpha_k ... \alpha_m$$

соответствует точка Z кодируемого многомерного пространства, имеющая разложение следующего вида:

$$Z = \sum_{k=m}^{n} \alpha_k \rho^{k}, \qquad (9)$$

где

ρ - основание кодирования,

k - номер разряда,

α_k - k-ый разряд кода (цифра или количественный эквивалент, сопоставляемый ей в разложении), принимающий одно из R_k значений.

Заметим, что ρ и α_k также являются точками кодируемого многомерного пространства. Позиционный код называется **бесконечным**, если $m = -\infty$, и - **конечным**, если m ограничено. Число n называется **длиной** позиционного кода. Если $R_k = R$, то разложение и код называются R-ми. Итак, будем рассматривать величины α , принимающие значение из множества

$$A_R = \{a_0, a_1, a_2, ..., a_j, ..., a_{R-1}\}, \qquad (10)$$

содержащего R различных величин a_j. В практике позиционного кодирования существенно то, что R ограничено и не превышает нескольких единиц.

Позиционный код точки Z по основанию ρ будем обозначать и записывать также следующим образом

$$< Z >_\rho = \alpha_n ... \alpha_k ... \alpha_1 \alpha_0, \alpha_{-1}\alpha_{-2} ... \alpha_m, \qquad (11)$$

размещая запятую между нулевым и (-1)-разрядом (индекс - основание не будет указываться, если значение основания ясно из контекста). Вектор (точку) Z, в коде которого $m \geq 0$, будем называть ρ-**целым**. Соответственно определяются ρ-**дробные** (**правильные** и **неправильные**) векторы Z. В частности,

$$< \rho >_\rho = 10 . \tag{12}$$

Совокупность $< \rho, \ A_R >$ основания кодирования ρ и множества A_R будем называть **системой позиционного кодирования**. Будем говорить, что точка многомерного эвклидова пространства **представима** в данной системе позиционного кодирования, если ей соответствует разложение вида (9) и позиционный код вида (11), в котором разряды принимают значения из множества (10).

Задача заключается в построении таких позиционных систем кодирования, в которых представима любая точка данного пространства и при этом выполняются условия полноты, неизбыточности и приближенности, определенные в лемме 2.

Смысл построения позиционных систем заключается в упрощении выполнения арифметических операций с точками (векторами) многомерного пространства. С другой стороны, существование позиционных кодов, основанных на разложении (9), возможно лишь в том случае, если в данном пространстве определены операции суммирования векторов и умножения вектора на основание ρ (которое также может быть вектором).

В одномерном и двумерном пространствах умножение на основание ρ (умножение на действительное или комплексное число) соответствует увеличению модуля вектора-множимого в $|\rho|$ раз, то-есть

$$\text{если } Z_2 = Z_1 \rho , \text{то} | Z_2 | = | Z_1 | \cdot | \rho | . \tag{13}$$

Следует еще раз отметить, что умножению $Z_1 \rho$ соответствует сдвиг кода $< Z_1 >$ на один разряд влево *в любом пространстве*. Мы потребуем, чтобы условие (13) выполнялось также *для любого кодируемого пространства* и докажем некоторое условие существования позиционной системы счисления, используя эти два факта.

Теорема 1. Необходимым и достаточным условием того, что любая точка h-мерного эвклидова пространства, в котором выполняется условие (13), представима в данной системе позиционного кодирования, является условие

$$| \rho |^h = R. \tag{14}$$

Доказательство. Каждый код $< Z_2 >_\rho$ длины $(n+h)$ при $m = -\infty$ может быть получен сдвигом на h разрядов влево некоторого кода $< Z_1 >_\rho$ длины n. Но в соответствии с (12) такой сдвиг эквивалентен умножению на основание, то-есть $Z_2 = Z_1 \rho^h$. При этом из соотношения (13) следует, что $| Z_2 | = | Z_1 | \cdot | \rho^h |$. Следовательно, линейные размеры кодируемой области увеличиваются в $| \rho |^h$ раз (кроме того, кодируемая область, вообще говоря, поворачивается относительно предыдущего положения). Таким образом, объемы областей G_n и G_{n+h} связаны соотношением

$$V_{n+h} = | \rho |^h V_n. \tag{15}$$

Очевидно, ограничение m не изменяет объем кодируемой области. Появляется лишь дискретность кодирования $\delta = G_{m-1}$. Учитывая (14), из (15) получаем

$$V_{n+h} = R V_n. \tag{16}$$

Сравнивая (16) и (8), из леммы 3 находим, что система позиционного кодирования при $m < -\infty$ удовлетворяет принципу кодирования, то есть, вследствие леммы 2, является полной, неизбыточной и приближенной. Теорема доказана.

4. Арифметические системы кодирования

Среди позиционных систем кодирования наибольший интерес представляют такие, к которым применимы простые алгоритмы сложения и умножения. Именно такие системы мы и будем рассматривать в дальнейшем, но предварительно определим их более строго.

Определение 1. Система $< \rho, A_R >$ позиционного кодирования называется **арифметической**, если выполнены следующие условия

- число (-1) является ρ-целым,

- сумма и произведение любых пар векторов,

принадлежащих множеству A_R, являются ρ-целыми.

Заметим, что условие (13) может выполняться и для неарифметической системы.

Лемма 4. Если в арифметической позиционной системе представимы векторы Z_1 и Z_2, то в этой системе представимы и векторы $-Z_1, -Z_2, Z_1 + Z_2, Z_1 \cdot Z_2$.

Справедливость леммы вытекает из того, что, как будет показано ниже, для арифметических позиционных систем существуют алгоритмы арифметических операций.

Определение 2. Позиционная система $< \rho, \ A_R >$ называется **нормальной**, если $A_R = B_R$, где $B_R = \{0,1,2,...,R-1\}$.

Лемма 5. Нормальная система счисления, в которой

$$R = \sum_{k=1}^{n} \alpha_k \rho^k ,\qquad(17)$$

$$-R = \sum_{k=1}^{w} \beta_k \rho^k ,\qquad(18)$$

то есть коды чисел R и -R являются ρ-целыми и имеют нулевое значение нулевого разряда, является арифметической.

Доказательство. Любое число из множества B_R находится в пределах $0 \le a_j \le (R-1)$. Следовательно, для чисел из этого множества выполняются соотношения $-a_j = a_k - R$ и $a_j + a_k = a_m + R$, если $a_j + a_k \ge R$. Учитывая условия леммы, заключаем, что числа $(-a_j)$ и $(a_j + a_k)$ являются ρ-целыми. Очевидно, произведение $a_j a_k$ можно представить суммой чисел из множества B_R. По индукции в силу существования алгоритма сложения заключаем, что такая сумма также является ρ-целой. Таким образом, условия определения 1 выполняются. Следовательно, рассматриваемая система является арифметической.

Лемма 6. Нормальная система счисления, в которой число R имеет разложение вида (17) и

$$R = \sum_{k=1}^{m} \alpha_k ,\qquad(19)$$

является арифметической.

Доказательство. Как следует из (17) и (19), в лемме рассматриваются системы, в которых

$$R = \sum_{k=1}^{n} \alpha_k \rho^k = \sum_{k=1}^{n} \alpha_k.$$

Рассмотрим следующий алгоритм:

α_3	α_2	α_1	0				переносы
	α_3	α_2	α_1	0			переносы
		α_3	α_2	α_1	0		переносы
			α_3	α_2	α_1	$0 = < R >_\rho$	слагаемое 1
				β_2	β_1	$0 = < X >_\rho$	слагаемое 2
0	**0**	**0**	**0**	**0**	**0**	**0**	сумма

Здесь код числа R складывается с кодом некоторого числа X, разряды которого образуются таким образом, чтобы

$$\alpha_1 + \beta_1 = R \text{ и } \alpha_1 + \alpha_2 + \beta_2 = R.$$

При этом и вследствие (19) сложение цифр каждого столбца образует число R, которое формирует перенос и нулевой разряд суммы. В результате образуются бесконечные переносы и нулевая сумма. Следовательно, X=-R. Очевидно, такой алгоритм образования кода числа -R осуществим при любом R, соответствующем разложению (17) или, что одно и тоже, при любом коде числа R вида

$$< R >_\rho = \alpha_m...\alpha_2\alpha_1 0.$$

Результатом этого алгоритма является код числа -R вида

$$< -R >_\rho = \beta_w...\beta_2\beta_1 0.$$

Этот код соответствует разложению (18). Тем самым лемма доказана.

Заметим, что разложения (17) и (18) можно рассматривать как систему двух степенных уравнений относительно неизвестного ρ. Решая ее, можно, вообще говоря, определить некоторую систему кодирования. Однако такой прием далеко не всегда приводит к положительному результату потому, что данная система либо не разрешима аналитически, либо не совместима, либо дает в качестве решения результат, не удовлетворяющий условию теоремы 1, либо дает в качестве решения действительное число.

Леммы 4, 5, 6 будут использованы далее при поиске нормальных позиционных систем кодирования.

5. Коды действительных чисел

Для действительных чисел размерность кодируемого пространства $b=1$. Следовательно, для позиционных кодов действительных чисел необходимо соблюдать условие $|\rho| = R$.

Широко известны и распространены позиционные коды действительных чисел, в которых $\rho = R$ и разряды принимают значения из множества B_R. Сюда относятся обычные десятичные ($R=10$) и двоичные ($R=2$) коды. Однако такими кодами нельзя изобразить отрицательные действительные числа, для представления которых приходится применять искусственные приемы, в частности, использовать обратные и дополнительные коды, что вызывает ряд неудобств.

В тоже время существуют два способа построения позиционных кодов, пригодных для изображения действительных - положительных и отрицательных чисел. Первый из них заключается в том, что разрядам придают положительные и отрицательные значения из множества

$$D_R = \{-r_1, -r_1 + 1, ..., -1, 0, 1, ..., r_2 - 1, r_2\}$$

причем $R = r_1 + r_2 + 1$, $r_1 \neq 0$, $r_2 \neq 0$, а основание, по-прежнему, оставляют равным R (при $r_1 = 0$ множество D_R превращается в множество B_R). Другой способ основан на применении отрицательного основания $\rho = -R$. Величины разрядов при этом могут принимать значения либо из множества B_R, либо из множества D_R. Итак, известные результаты, относящиеся к позиционному кодированию действительных чисел, формулируются следующим образом.

Теорема 2. Любое действительное число представимо в системах

$$< R, B_R >, \quad < R, D_R >, \quad < -R, B_R >, \quad < -R, D_R >.$$

Итак, существует четыре системы кодирования действительных чисел:

система $< R, B_R >$, например $< 5, \{ 0, 1, 2, 3, 4 \} >$;

система $< R, D_R >$, например $< 5, \{ -2, -1, 0, 1, 2 \} >$;

система $< -R, B_R >$, например $< -5, \{ 0, 1, 2, 3, 4 \} >$;

система $< -R, D_R >$, например $< -5, \{ -2, -1, 0, 1, 2 \} >$.

Приведем примеры пятиричных кодов некоторых чисел в рассмотренных системах, обозначая величины -1 и -2 цифрами $\overline{1}$ и $\overline{2}$:

1. K(16)= +31,K(-13)= -23,
2. K(16)= 1$\overline{2}$1,K(-13)= $\overline{1}$22,
3. K(16)= 121,K(-13)= 32,
4. K(16)= 121,K(-13)= $\overline{1}\overline{2}$2.

Здесь следует обратить внимание на то, что коды в первой из этих систем сопровождаются знаками '+' и '-', которые отсутствуют во всех остальных ситемах, поскольку в них знак числа вместе с модулем определяются значениями разрядов кода.

Важно отметить, что среди указанных систем существуют лишь две системы двоичного кодирования, а именно системы с цифрами $\{ 0, 1 \}$ и основаниями '2' и '-2'.

6. Коды комплексных чисел

Докажем вначале несколько теорем существования нормальных арифметических систем кодирования с комплексным основанием, обозначая через j мнимую единицу.

Теорема 3. Любое комплексное число представимо в нормальной системе кодирования по комплексному основанию ρ и эта система является арифметической, если

$$| \rho |= \sqrt{R} \qquad (20)$$

и выполняются условия (17), (19).

Доказательство. Для комплексных чисел размерность кодируемого пространства $b=2$ и при любом ρ выполняется условие (13). Отсюда и из (20) следует, что выполняются условия теоремы 1. Следовательно, любое комплексное число представимо в данной системе кодирования. Далее, условия (17) и (19) являются условиями леммы 6. Следовательно, данная система является арифметической.

Теорема 3 дает возможность свести доказательство теорем о представимости любого комплексного числа в нормальной системе кодирования и арифметичности этой системы к доказательству того, что выполняется условие (19) и ρ является комплексным корнем уравнения (17). Именно этим методом доказательства мы и воспользуемся в дальнейшем.

Теорема 4. Любое комплексное число представимо в нормальной системе кодирования по комплексному основанию

$$< \rho = \sqrt{2}e^{\pm j\pi/2}; \ B_2 > \text{ или } < \rho = -1 \pm j; \ \{0, \ 1\} >$$

и эта система является арифметической.

Доказательство. Предположим, что $< 2 >_\rho = 1100$, Это условие равносильно уравнению $\rho^3 + \rho^2 = 2$. Его решение совпадает с условием данной теоремы. Следовательно, выполняется условие (17). Очевидно, что условие (19) также выполняется, поскольку R=2. В силу теоремы 3 данная теорема доказана. Для иллюстрации запишем коды некоторых характерных чисел в системе с основанием $\rho = (j-1)$, обозначив через $\overline{\rho}$ число, сопряженное числу ρ: $K(2) = 1100$, $K(-2) = 11100$, $K(-1) = 11101$, $K(j) = 11$, $K(-j) = 111$, $K(\overline{\rho}) = 110$.

Теорема 5. Любое комплексное число представимо в нормальной системе кодирования по комплексному основанию ρ и эта система является арифметической, если

$$\rho = \sqrt{R}e^{j\varphi}, \quad \varphi = \pm \ arcCos \ (-\beta \ /2\sqrt{R}), \quad \beta < (R, \ 2\sqrt{R})_{min}$$

и β - целое положительное число.

Доказательство. Предположим, что $< R >_\rho = 1\alpha_2\alpha_1 0$, где

$$1 + \alpha_2 + \alpha_1 = R, \quad \alpha_2 = \beta - 1.$$ Это условие равносильно уравнению

$$\rho^3 + (\beta - 1)\rho^2 + (R - \beta)\rho = R.$$

Его решение дает значение, приведенное в условиях теоремы. В силу теоремы 3 данная теорема доказана.

Для иллюстрации запишем коды некоторых характерных чисел в этой системе, обозначив через $\overline{\rho}$ число, сопряженное числу ρ:

$$K(R) = 1 \ (\beta - 1) \ (R - \beta) \ 0,$$
$$K(-R) = 1 \ \beta \ 0,$$
$$K(-1) = 1 \ \beta \ (R - 1),$$
$$K(\overline{\rho}) = 1 \ (\beta - 1) \ (R - \beta),$$

$$K(-\overline{\rho}) = 1 \ \beta \ ,$$

$$K(-\rho) = 1 \ \beta \ (R-1) \ 0,$$

$$K(\rho - \overline{\rho}) = 2 \ \beta \ ,$$

$$K(\rho + \overline{\rho}) = 1 \ \beta \ (R - \beta).$$

В связи с тем, что β может принимать несколько значений при постоянном R, существует несколько типов позиционных кодов в системах рассматриваемого вида. В качестве примера в табл. 1 приведены возможные коды числа R при различных R и β .

Таблица 1. Коды числа R

$R \backslash \beta$	**1**	**2**	**3**	**4**	**5**
2	1010				
3	1020	1110			
4	1030	1120	1210		
5	1040	1130	1220	1310	
6	1050	1140	1230	1320	
7	1060	1150	1240	1330	1420
8	1070	1160	1250	1340	1430
9	1080	1170	1260	1350	1440

Для иллюстрации запишем коды некоторых характерных чисел в системе с основанием $\rho = \frac{1}{2}\left(-1 + j\sqrt{7}\right)$, обозначив через $\overline{\rho}$ число, сопряженное числу ρ: K(2)=1010, K(-2)=110, K(-1)=111, K($\overline{\rho}$)=101, K(-ρ)=1110, K(-$\overline{\rho}$)=11, $K\left(j\sqrt{7}\right) = 10101$, $K\left(-j\sqrt{7}\right) = 1110011$.

Из систем теоремы 5 можно выделить группы с фиксированным значением аргумента основания, например

$$\varphi = \pm 2\pi/3 \ , \text{если } \beta = \sqrt{R}, \text{ то-есть при R=4, 9, 16, 25, ...;}$$

$$\varphi = \pm 3\pi/4, \text{если } \beta = \sqrt{2R}, \text{ то-есть при R=8, 18, 32, 50,...;}$$

$$\varphi = \pm 5\pi/6, \text{если } \beta = \sqrt{3R}, \text{ то-есть при R=12, 27, 48, 75,...}$$

Рассмотрим теперь позиционную систему *более общего вида.*

Теорема 6. Любое комплексное число представимо в системе кодирования $<\rho=2e^{j\pi/3}$, $A_4>$, $A_4=\{0, 1, ,e^{2j\pi/3}, e^{-2j\pi/3}\}$ и эта система является арифметической.

Доказательство. Заметим, что $(-2)^k = l_k \rho^k$, где

$$l_k = \left\{1, \; e^{2j\pi/3}, \; e^{-2j\pi/3}\right\}$$

соответственно при k = (3m, 3m+1, 3m+2), где m - целое. Очевидно, $l_k \in A_4$. Следовательно, любая степень числа '-2' представима в указанной системе кодирования одним разрядом. В силу теоремы 2 любое действительное число X представимо в виде разложения по основанию '-2'. Но каждый разряд такого разложения, представляющий степень числа '-2' или 0, может быть заменен разрядом разложения в указанной системе кодирования, то есть любое действительное число представимо в этой системе кодирования.

Таблица 2. Одноразрядное умножение

*	0	1	c	d
0	0	0	0	0
1	0	1	c	d
c	0	c	d	1
d	0	d	1	c

Любое комплексное число Z может быть представлено как $Z = u_1 + u_2 e^{2j\pi/3} + u_3 e^{-2j\pi/3}$, где u_1, u_2, u_3 - некоторые действительные числа. В этой сумме все составляющие представимы в указанной системе счисления поскольку сомножители действительных чисел u_1, u_2, u_3 принадлежат множеству A_4. Если эта система является арифметической, то в ней представима и данная сумма, то есть любое комплексное число. Остается показать, что указанная система является арифметической. Для этого составим таблицы попарного умножения, суммирования и таблицу инвертирования (умножения на '-1') цифр из множества A_4 - см. таблицы 2, 3, 4. Для удобства записи эти цифры обозначены символами 0, 1, c, d. Как видно из этих таблиц, в рассматриваемой системе кодирования выполнены все условия определения 1. Следовательно, эта система является арифметической, что и требовалось показать.

Таблица 3. Одноразрядное сложение

+	0	1	c	d
0	0	1	c	d
1	1	dc0	1d	dc
c	c	1d	d10	c1
d	d	dc	c1	c10

Таблица 4. Инвертирование разряда

x	0	1	c	d
-x	0	c1	dc	1d

Заметим, что в этой системе очень простой вид имеют коды комплексных чисел вида e^{jk60^O}, где k - целое число - см. табл. 4а. Кроме того, для этой системы в табл. 4в представлены коды чисел 2^k и $(-2)^k$, где k - целое число.

Таблица 4а. Коды чисел e^{jk60^O}.

φ	0	60	120	180	240	300
код	00	1d	0c	c1	0d	dc

Далее мы только более строго изложим результаты, полученные в разделе 2.

Теорема 7. Любое комплексное число Z представимо в позиционной системе счисления $< \rho = -R, \ A_{R^2} >$, где множество A_{R^h} состоит из комплексных чисел $r_m = \alpha_m^1 + j\alpha_m^2$, а числа $\alpha_m \in B_R$.

В частности, существует система <-2, {0,1,j,1+j}>.

Таблица 4в. Коды чисел 2^k и $(-2)^k$.

k	$(-2)^k$	2^k
-4	0.000d	0.000d
-3	0.001	0.0c1
-2	0.0c	0.0c
-1	0.d	1.d
0	1	1
1	c0	dc0
2	d00	d00
3	1000	c1000
4	c000	c000

Теорема 8. Любое комплексное число Z представимо в нормальной позиционной системе $< \pm j\sqrt{R}, B_R >$.

Например, существует система $< \pm j\sqrt{2}, \{0,1\} >$. Для иллюстрации запишем коды некоторых характерных чисел в системе $\rho = j\sqrt{2}$: $K(2)=10100$, $K(-2)=100$, $K(-1)=101$, $K(j\sqrt{2})=10$, $K(-j\sqrt{2})=1010$.

Таблица 5. Двоичные системы кодирования.

Выделенная система счисления	ρ	<2>	<-2>	<-1>	Теорема	Рис.
Система 1	ρ_2	10100	100	101	Формула (2)	1
Система 2	$j\sqrt{2}$	10100	100	101	Теорема 8	2
Система 3	$-1+j$	1100	11100	11101	Теорема 4	3
Система 4	$\frac{1}{2}(-1+j\sqrt{7})$	1010	110	111	Теорема 5	4
	-2	110	10	11	Теорема 2	
	2	10			Теорема 2	

Очевидно, для систем из теорем 7 и 8 выполняется условие (14), Доказательство этих теорем основано на рассуждениях раздела 2.

Приведем для иллюстрации и сравнения двоичные коды чисел во всех указанных системах кодирования, включая системы кодирования по действительному (положительному и отрицательному) и комплексному основаниям - см. табл. 5.

В дальнейшем мы более подробно остановимся на четырех двоичных системах счисления комплексных чисел – см. столбец «Выделенная система счисления» в табл. 5. На рисунках изображены первые 4 значения базовой функции для выделенных систем счисления.

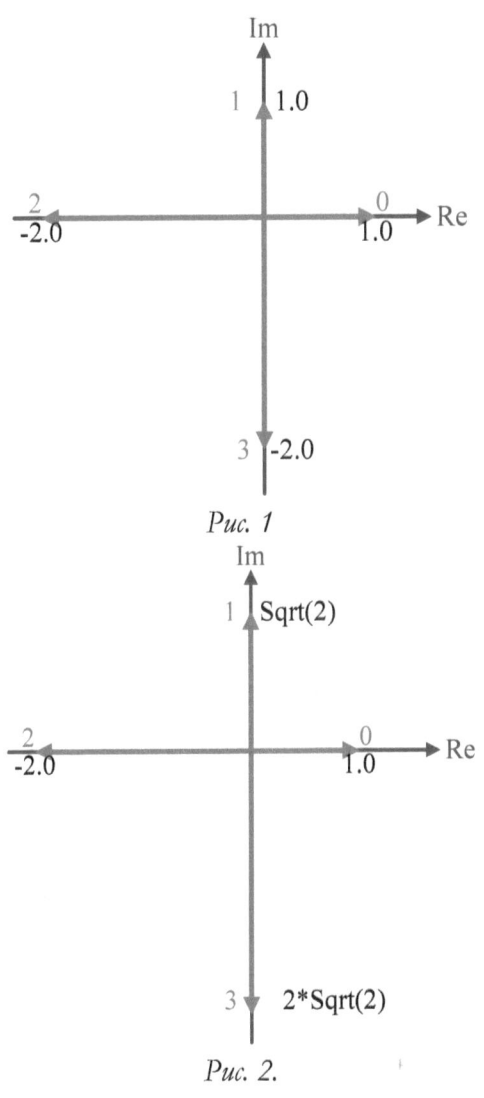

Рис. 1

Рис. 2.

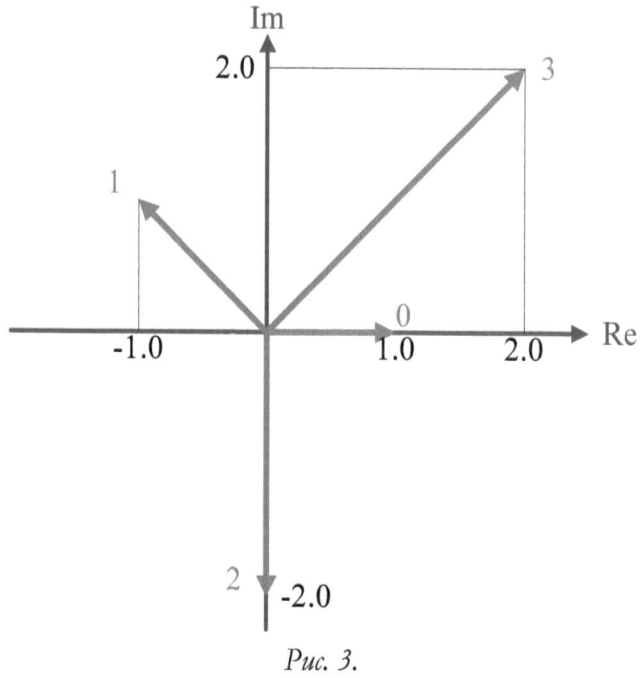

Рис. 3.

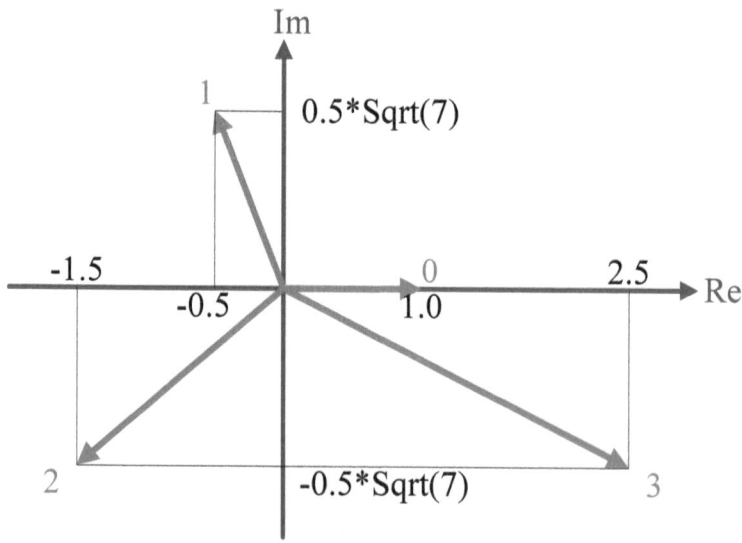

Рис. 4.

Приведем еще табл. 6 четверичных кодов чисел '4' и '-4' во всех рассмотренных выше системах кодирования (в этой таблице '-1' обозначена 'цифрой' 'h').

Таблица 6. Четверичные системы кодирования.

ρ	A_4	<4>	<-4>	Теорема
4	{0,1,2,3}	10		2
4	{-1,0,1,2}	10	h0	2
4	{-2,-1,0,1}	10	h0	2
-4	{0,1,2,3}	130	10	2
-4	{-1,0,1,2}	h0	10	2
-4	{-2,-1,0,1}	h0	10	2
$2e^{2j\pi/3}$	{0,1,2,3}	1120	120	5
$2e^{j\pi/3}$	{0,1,c,d}	d00	1d00	6
-2	{0,1,j,1+j}	100	1100	7
ρ_4	{0,1,2,3}	10300	100	8
$\pm 2j$	{0,1,2,3}	10300	100	8

7. Коды многомерных векторов

7.1. Двоичные коды векторов- способ 1.

Изложенный в разделе 2 метод построения кодов комплексных чисел может быть обобщен и использован для кодирования многомерных векторов. Для этого рассмотрим множество действительных чисел $\{X_i\}$, каждое из которых задано двоичным разложением по основанию $\rho = -2$, то есть

$$X_i = \sum_{(m)} \alpha_m^i \rho^m \ (i=1, 2,..., n).$$

Каждому такому разложению соответствует код

$$K(X_i) = ...\alpha_m^i ...$$

Рассмотрим теперь *n*-мерный вектор

$$Z = E_1 X_1 + E_2 X_2 + ... + E_n X_n, \tag{21}$$

где $\{E_i\}$ - база *n*-мерного векторного пространства. Множество кодов $\{K(X_i)\}$ можно при этом трактовать как единый код вектора

Z по основанию '-2'. Каждый m-ый разряд этого кода изображается множеством $\left\{\alpha_m^i\right\}$ двоичных разрядов. Обозначив эти множества цифрами σ_m, получаем код вектора

$$K(Z) = ...\sigma_m...,$$

соответствующий разложению (21), где вектор

$$r_m = E_1\alpha_m^1 + E_2\alpha_m^2 + ... + E_i\alpha_m^i + ... + E_n\alpha_m^n \qquad (22)$$

изображается цифрой σ_m.

В частности, при $n=2$ образуются коды комплексных чисел по основанию ρ_2, рассмотренные выше – см. формулу (2). При $n=3$ образуются коды трехмерных векторов, в которых разряды принимают одно из восьми значений:

$$r_m \in \{\ 0,\ i,\ j,\ k,\ i+j,\ i+k,\ j+k,\ i+j+k\ \}, \qquad (23)$$

где i, j, k - орты прямоугольных координатных осей. Аналогично предыдущему для кодирования трехмерных векторов может быть введена векторная функция действительного целого аргумента m:

$$\vartheta_2 = \begin{cases} i(-2)^m \text{ if } m = 3k \\ j(-2)^{m-1} \text{ if } m = 3k+1 \\ k(-2)^{m-2} \text{ if } m = 3k+2 \end{cases}, \qquad (24)$$

При этом рассматриваемый код трехмерного вектора по основанию ϑ_2 с векторными значениями разрядов (23) может рассматриваться как код трехмерного вектора по основанию ϑ_2 с двоичными разрядами. Этому коду соответствует разложение вектора в виде

$$Z = \sum_m \left(\alpha_m \vartheta_2\right).$$

Аналогично, для кодирования n-мерных векторов может быть введена векторная функция действительного целого аргумента m:

$$\vartheta_2^n = \begin{cases} i(-2)^m \text{ if } m = nk \\ j(-2)^{m-1} \text{ if } m = nk+1 \\ ... \\ k(-2)^{m-n+1} \text{ if } m = nk+n-1 \end{cases}, \qquad (25)$$

Очевидно, $\rho_2 = \vartheta_2^2$, $\vartheta_2 = \vartheta_2^3$.

7.2. Двоичные коды векторов- способ 2.

Построим теперь, как ранее для комплексных чисел, последовательность чередующихся двоичных разрядов α_m^i:

$$\cdots\alpha_{m+1}^2\alpha_{m+1}^1\alpha_m^n\alpha_m^{n-1}\cdots\alpha_m^2\alpha_m^1\alpha_{m-1}^n\alpha_{m-1}^{n-1}\cdots$$

В других обозначениях эта последовательность является двоичным кодом

$$K(Z) = \ldots\alpha_k\ldots\ldots$$

некоторого вектора Z. При этом основание кодирования также является вектором

$$\rho = E_2\sqrt[n]{2}, \tag{26}$$

где E_2 - второй орт базы $\{E_i\}$ n-мерного векторного пространства. Закодированный вектор Z определяется в данном случае по формуле

$$Z = X_1 + \rho X_2 + \ldots + \rho^{i-1}X_i + \ldots + \rho^{n-1}X_n. \tag{27}$$

7.3. Многозначные коды векторов- способ 2.

Совершенно аналогично строятся позиционные коды векторов (в том числе комплексных чисел и многомерных векторов) на основе объединения позиционных кодов чисел-проекций векторов по основанию $\rho = -R$, где R - целое число. В этом случае, например, вместо функции ρ_2 в качестве основания кодирования комплексных чисел должна рассматриваться функция

$$\rho_R = \begin{Bmatrix} (-R)^{m/2} & \text{if } m - \text{even} \\ j(-R)^{m-1/2} & \text{if } m - \text{odd} \end{Bmatrix}, \tag{28}$$

вместо функции ϑ_2 в качестве основания кодирования трехмерных векторов должна рассматриваться функция

$$\vartheta_R = \begin{Bmatrix} i(-R)^{m/3} & \text{if } m = 3k \\ j(-R)^{m-1/3} & \text{if } m = 3k+1 \\ k(-R)^{m-2/3} & \text{if } m = 3k+2 \end{Bmatrix}, \tag{29}$$

и, вообще, вместо функции ϑ_2^n для кодирования n-мерных векторов должна рассматриваться функция

$$\vartheta_R^n = \begin{cases} i(-R)^m \text{ if } m = nk \\ j(-R)^{m-1} \text{ if } m = nk+1 \\ ... \\ k(-R)^{m-n+1} \text{ if } m = nk+n-1 \end{cases}. \qquad (30)$$

Итак, справедливы следующие теоремы.

Теорема 7а. Если в n-мерном евклидовом пространстве с базой $\{E_i\}$ определена алгебра, то любая точка Z этого пространства представима в позиционной системе счисления $< \rho = -R, \ A_{R^n} >$, где множество A состоит из векторов (22), а числа $\alpha_m \in B_R$.

В частности, для комплексных чисел существует система $< \rho = -R, \ A_{R^2} >$, например, четверичная система $<$-$2,\{0,1,j,1+j\}>$, а для трехмерных векторов с ортами **i**, **j**, **k** – восьмиричная система , где каждый разряд принимает значения (23).

Теорема 8а. Если в n-мерном евклидовом пространстве с базой $\{E_i\}$ определена алгебра, то любая точка Z представима в нормальной позиционной системе

$$< \rho = \pm E_2 \sqrt[n]{R}, \ B_R >. \qquad (31)$$

В частности, при R=2 имеем двоичную систему кодирования векторов по основанию (26). Для комплексных чисел существует система $< \pm j\sqrt{R}, \ B_R >$, например, двоичная система $< \pm j\sqrt{2}, \ \{0, \ 1\} >$, а для трехмерных векторов с ортами **i**, **j**, **k** – двоичная система $< \pm j\sqrt[3]{2}, \ \{0, \ 1\} >$. В последней системе имеем:

<i>=1, <-i>=1001, <2i>=1001000, <-2i>=1000;
<j>=10, <-j>=10010, <2j>=10010000, <-2j>=10000;
<k>=100, <-k>=100100, <2k>=100100000, <-2k>=100000.

Для трехмерных векторов с ортами **i, j, k** существует также четверичная система $< \pm j\sqrt[3]{4}, \ \{0,1,2,3\} >$, где

<4i>=1003000 и <-4i>=1000.

Очевидно, для систем из теорем 7а и 8а выполняется условие (14).

Литература

1. Shannon C. E., A Symmetrical Notation of Number, Amer. Math. Month., 57, 1950, 90.
2. Шевчик Ю., Универсальная цифровая машина УМЦ-10, сб. "Цифровая вычислительная техника и программирование", выпуск 2, "Советское радио", 1967.
3. Knuth D. E., An Imaginary Number System, Communication of the ACM-3, 1960, № 4.
4. Хмельник С. И., Специализированная ЦВМ для операций с комплексными числами. Вопросы радиоэлектроники, серия XII, выпуск 2, 1964 (указано, что поступила в редакцию в марте 1962 г.).
5. Penney W., A 'Binary' System for Complex Numbers, Journal of ACM 12, No. 2, 1965, pp. 247-248.
6. Хмельник С. И. Кодирование комплексных чисел и векторов, изд. «Mathematics in Computers», Израиль, 2004, http://www.lulu.com/content/94846.

Серия: МАТЕМАТИКА

Хмельник С.И.

Уравнения Максвелла как следствие вариационного принципа. Вычислительный аспект.

Аннотация

Эта статья является продолжением статьи [1], где доказано, что существует функционал, для которого уравнения Максвелла являются необходимыми и достаточными условиями существования глобального экстремума. В данной статье предлагается метод градиентного спуска по этому функционалу. Этот спуск заканчивается вычислением стационарного значения подынтегральных функций, которые удовлетворяют уравнениям Максвелла. Предлагается основанный на этом метод решения уравнений Максвелла, который иллюстрируется примером расчета линейного и нелинейного коаксиальных кабелей.

Оглавление

1. Метод вычислений

Известно [6], что уравнения Максвелла выводятся из принципа наименьшего действия. Однако этот вывод делается в предположении, что токи заданы. Но в уравнениях Максвелла плотности токов являются неизвестными. Поэтому, указанный вывод, имея познавательную ценность, не позволяет построить функционал, которым можно воспользоваться для инженерных расчетов. В этой главе используется такой функционал, у которого первые вариации при обращении в нуль совпадают с уравнениями Максвелла [1]. Затем описывается метод спуска по этим вариациям, что эквивалентно решению уравнений Максвелла.

Предложенный метод решения уравнений Максвелла иллюстрируется конкретными примерами. Очевидными достоинствами метода является универсальность, простота вычислений, возможность решения нелинейных задач. Вместе с этим, следует сразу же подчеркнуть, что это – только метод, а не готовые к использованию алгоритмы и программы. Кроме того, метод не аппробирован настолько, чтобы можно было проводить обоснованные сравнения с существующими методами. Предлагая эту статью, автор надеется на то, что идея метода покажется интересной и найдет развитие у других исследователей. С этой же целью математические выкладки приводятся без «очевидных» сокращений.

В данной статье используются обозначения и ссылки на формулы статьи [1]. Последние имеют вид (А.номер_формулы). Рассмотрим вектор-функцию

$$q^T = \left| E_x, E_y, E_z, H_x, H_y, H_z, K, L \right| \tag{1}$$

и вектор-функции

$$\left(\frac{dq}{dm}\right)^T = \left| \frac{dE_x}{dm}, \frac{E_y}{dm}, \frac{E_z}{dm}, \frac{H_x}{dm}, \frac{H_y}{dm}, \frac{H_z}{dm}, \frac{K}{dm}, \frac{L}{dm} \right|, \tag{2}$$

где $m = \{x, y, z, t\}$. Будем рассматривать также вектор-функции $q', q'', \dfrac{dq'}{dm}, \dfrac{dq''}{dm}$, компонентами которых являются функции E, H и их производные с одним или двумя штрихами соответственно. Тогда функционал (А.2.1) может быть переписан в виде

$$\Phi = \int_0^T \left\{ \iiint_{x,y,z} \left\{ \begin{array}{l} q'^T R_x \dfrac{dq''}{dx} - q''^T R_x \dfrac{dq'}{dx} \\[8pt] q'^T R_y \dfrac{dq''}{dy} - q''^T R_y \dfrac{dq'}{dy} \\[8pt] q'^T R_z \dfrac{dq''}{dz} - q''^T R_z \dfrac{dq'}{dz} \\[8pt] q'^T R_t \dfrac{dq''}{dt} - q''^T R_t \dfrac{dq'}{dt} \\[8pt] -\left(q'^T - q''^T \right) U \end{array} \right\} dxdydz \right\} dt , \qquad (3)$$

где

$$U = -\left| 0,0,0,0,0,0,\rho,-\sigma \right|,$$

$$R_x = \begin{vmatrix} 0 & 0 & 0 & 0 & 0 & 0 & -1 & 0 \\ 0 & 0 & 0 & 0 & 0 & -1 & 0 & 0 \\ 0 & 0 & 0 & 0 & 1 & 0 & 0 & 0 \\ 0 & 0 & 0 & 0 & 0 & 0 & 0 & 1 \\ 0 & 0 & 1 & 0 & 0 & 0 & 0 & 0 \\ 1 & 0 & 0 & 0 & 0 & 0 & 0 & 0 \\ -1 & 0 & 0 & 0 & 0 & 0 & 0 & 0 \\ 0 & 0 & 0 & 1 & 0 & 0 & 0 & 0 \end{vmatrix}, \quad R_y = \begin{vmatrix} 0 & 0 & 0 & 0 & 0 & 1 & 0 & 0 \\ 0 & 0 & 0 & 0 & 0 & 0 & -1 & 0 \\ 0 & 0 & 0 & -1 & 0 & 0 & 0 & 0 \\ 0 & 0 & 1 & 0 & 0 & 0 & 0 & 0 \\ 0 & 0 & 0 & 0 & 0 & 0 & 0 & 1 \\ 0 & -1 & 0 & 0 & 0 & 0 & 0 & 0 \\ 0 & 0 & 0 & 0 & -1 & 0 & 0 & 0 \\ 0 & 0 & 0 & 0 & 1 & 0 & 0 & 0 \end{vmatrix},$$

$$R_z = \begin{vmatrix} 0 & 0 & 0 & 0 & -1 & 0 & 0 & 0 \\ 0 & 0 & 0 & 1 & 0 & 0 & 0 & 0 \\ 0 & 0 & 0 & 0 & 0 & 0 & -1 & 0 \\ 0 & -1 & 0 & 0 & 0 & 0 & 0 & 0 \\ 1 & 0 & 0 & 0 & 0 & 0 & 0 & 0 \\ 0 & 0 & 0 & 0 & 0 & 0 & 0 & 1 \\ 0 & 0 & -1 & 0 & 0 & 0 & 0 & 0 \\ 0 & 0 & 0 & 0 & 0 & 1 & 0 & 0 \end{vmatrix}, \quad R_t = \begin{vmatrix} -\varepsilon & 0 & 0 & 0 & 0 & 0 & 0 & 0 \\ 0 & -\varepsilon & 0 & 0 & 0 & 0 & 0 & 0 \\ 0 & 0 & -\varepsilon & 0 & 0 & 0 & 0 & 0 \\ 0 & 0 & 0 & \mu & 0 & 0 & 0 & 0 \\ 0 & 0 & 0 & 0 & \mu & 0 & 0 & 0 \\ 0 & 0 & 0 & 0 & 0 & \mu & 0 & 0 \\ 0 & 0 & 0 & 0 & 0 & 0 & 0 & 0 \\ 0 & 0 & 0 & 0 & 0 & 0 & 0 & 0 \end{vmatrix}.$$

В [4, 5] рассмотрен функционал вида

$$f(x,y) = \left\{ x^T S x - y^T S y + x^T R \dfrac{dy}{dt} - y^T R \dfrac{dx}{dt} - E^T (x - y) \right\}, \qquad (А)$$

<u>вторичный</u> функционал вида

$$F(q) = \int_0^T \left\{ q^T S q + q^T R q' - 2q^T E \right\} dt, \tag{B}$$

а также так называемая <u>квазивариация</u> вторичного функционала, имеющая вид

$$p = S q + R \frac{dq}{dt} - E, \tag{C}$$

где

$$q = x + y. \tag{D}$$

(заметим, что она отличается от вариации этого функционала). Показано, что необходимыми условиями существования седловой линии функционала (А) является равенство нулю квазивариации (С). По аналогии с этим рассмотрим соответствующий функционалу (3) вторичный функционал вида

$$\Phi = \int_0^T \left\{ \iiint_{x,y,z} \left\{ \left(R_x^T \frac{dq}{dx} + R_y^T \frac{dq}{dy} + R_z^T \frac{dq}{dz} \right)^T q + \left(\frac{dq}{dt} \right)^T R_t q - 4q^T U \right\} dxdydz \right\} dt, \tag{4}$$

где

$$q = q' + q''. \tag{5}$$

Его квазивариация по каждой из переменных (1) имеет вид:

$$p = R_x^T \frac{dq}{dx} + R_y^T \frac{dq}{dy} + R_z^T \frac{dq}{dz} + R_t^T \frac{dq}{dt} - 2U^T. \tag{6}$$

При $p = 0$ система уравнений (6) превращается в систему уравнений Максвелла: (А.2.9-А.2.12), которая в более подробной записи имеет вид:

$$\frac{dH_z}{dy} - \frac{dH_y}{dz} - \varepsilon \frac{dE_x}{dt} - \frac{dK}{dx} = 0,$$

$$\frac{dH_x}{dz} - \frac{dH_z}{dx} - \varepsilon \frac{dE_y}{dt} - \frac{dK}{dy} = 0,$$

$$\frac{dH_y}{dx} - \frac{dH_x}{dy} - \varepsilon \frac{dE_z}{dt} - \frac{dK}{dz} = 0,$$

$$\frac{dE_z}{dy} - \frac{dE_y}{dz} + \mu\frac{dH_x}{dt} + \frac{dL}{dx} = 0,$$

$$\frac{dE_x}{dz} - \frac{dE_z}{dx} + \mu\frac{dH_y}{dt} + \frac{dL}{dy} = 0,$$

$$\frac{dE_y}{dx} - \frac{dE_x}{dy} + \mu\frac{dH_z}{dt} + \frac{dL}{dz} = 0,$$

$$-\frac{dE_x}{dx} - \frac{dE_y}{dy} - \frac{dE_z}{dz} + \rho = 0,$$

$$\frac{dH_x}{dx} + \frac{dH_y}{dy} + \frac{dH_z}{dz} - \sigma = 0.$$

Для их решения можно воспользоваться методом спуска по квазивариации, известным в применении к электрическим цепям [4, 5]. Пусть

$$q = q_t \,\mathrm{o}q_x \,\mathrm{o}q_y \,\mathrm{o}q_z, \tag{7}$$

где q_t, q_x, q_y, q_z зависят только от t, x, y, z соответственно. В Символом (o) обозначено покомпонентное умножение векторов. Аналогично,

$$U = U_t \,\mathrm{o}U_x \,\mathrm{o}U_y \,\mathrm{o}U_z, \tag{8}$$

Далее будем для сокращения записи обозначать $\underline{q}_t = q_x \,\mathrm{o}q_y \,\mathrm{o}q_z,$ $\underline{q}_x = q_t \,\mathrm{o}q_y \,\mathrm{o}q_z,$ $\underline{q}_y = q_t \,\mathrm{o}q_x \,\mathrm{o}q_z,$

$\underline{q}_z = q_t \,\mathrm{o}q_x \,\mathrm{o}q_y.$ Перепишем (4) в виде

$$\Phi = \int\limits_0^T \left\{ \iiint\limits_{x,y,z} \{\Phi_o\} dxdydz \right\} dt. \tag{9}$$

С учетом принятых предположений и обозначений подынтегральное выражение в (9) примет вид:

$$\Phi_o = \left\{ \left[\begin{pmatrix} R_x\left(\dfrac{dq_x}{dx}\, oq_t\, oq_y\, oq_z\right) + \\ + R_y\left(\dfrac{dq_y}{dy}\, oq_t\, oq_x\, oq_z\right) + \\ + R_z\left(\dfrac{dq_z}{dz}\, oq_t\, oq_x\, oq_y\right) + \\ + R_t\cdot\left(\dfrac{dq_t}{dt}\, oq_x\, oq_y\, oq_z\right) \end{pmatrix}^T \left(q_t\, oq_x\, oq_y\, oq_z\right) \right] \\ + \left(q_t\, oq_x\, oq_y\, oq_z\right)^T\cdot\left(U_t\, oU_x\, oU_y\, oU_z\right) \right\}. \qquad (10)$$

Рассмотрим функционал (9, 10) при фиксированных функциях q_t, q_y, q_z в зависимости только от функций независимой переменной x. После громоздких преобразований, функционал (9, 10) можно представить в виде

$$\Phi = \int\limits_x \left\{ q_x^T S_x q_x + \left(\frac{dq_x}{dx}\right)^T \overline{R}_x q_x + q_x^T V_x \right\} dx, \qquad (11)$$

где

$$\overline{R}_x = \iiint\limits_{t,y,z} f_r\left(R_x, \underline{q}_x\right) dt dy dz, \quad V_x = \iiint\limits_{t,y,z} f_v\left(\underline{q}_x, \underline{U}_x\right) dt dy dz,$$

$$S_x = \iiint\limits_{t,y,z} f_s\left(R_t, R_y, R_z, \underline{q}_x, \frac{dq_y}{dy}, \frac{dq_z}{dz}, \frac{dq_t}{dt}\right) dt dy dz. \qquad (12)$$

Можно заметить, что выражение (11) эквивалентно квазивариации (C). Таким образом, при фиксированных функциях q_t, q_y, q_z можно найти функцию q_x, являющуюся стационарным значением, доставляющим экстремум функционалу (10). Аналогичные выражения можно получить для функций q_t, q_y, q_z при фиксированных тройках других функций.

Для нахождения стационарного значения функции q, определенной как (7), следует выполнять покоординатный спуск по каждой независимой переменной $m = \{x, y, z, t\}$.

Заметим еще, что функционал (4) эквивалентен функционалу

$$\Phi = \int\limits_0^T \left\{ \oiiint\limits_{x,y,z} \left\{ \begin{matrix} \Re\left(H, \ E\right) + H \cdot \dfrac{dH}{dt} - E \cdot \dfrac{dE}{dt} \\ - K \cdot \left(\mathrm{div}E - \rho\right) + L \cdot \left(\mathrm{div}H - \sigma\right) \end{matrix} \right\} dxdydz \right\} dt \ . \quad (13)$$

2. Нелинейные уравнения Максвелла

Пространство, в котором распространяется электромагнитное поле, может быть неоднородным. Это выражается в том, что магнитная проницаемость μ и диэлектрическая проницаемость ε зависят от пространственных координат, т.е являются вектор-функциями этих координат. Мы ограничимся случаем, когда каждая координата вектора μ или ε зависит только от одноименной пространственной координаты.

Рассмотрим функционал, в котором учитывается неоднородность поля. Для этого представим уравнения (А.2.9, А.2.10) в следующем виде:

$$\mathrm{rot}H - \varepsilon \circ \frac{dE}{dt} - \mathrm{grad}(K) = 0 , \quad (1)$$

$$\mathrm{rot}E + \mu \circ \frac{dH}{dt} - \mathrm{grad}(L) = 0 , \quad (2)$$

где знаком $\{\circ\}$ обозначена операция покомпонентного умножения векторов. Уравнения (1, 2, 1.7, 1.8) являются уравнениями квазивариации для функционала

$$\Phi = \int\limits_0^T \left\{ \oiiint\limits_{x,y,z} \left\{ \begin{matrix} \Re\left(H, \ E\right) + \mu \circ H \circ \dfrac{dH}{dt} - \varepsilon \circ E \circ \dfrac{dE}{dt} \\ - K \circ \left(\mathrm{div}E - \rho\right) + L \circ \left(\mathrm{div}H - \sigma\right) \end{matrix} \right\} dxdydz \right\} dt \ , (3)$$

аналогичного функционалу (1.13). Метод решения уравнений (1, 2, 1.7, 1.8) квазивариации функционала (3) полностью аналогичен рассмотреному выше методу решения уравнений (А.2.9, А.2.10) кавазивариации функционала (1.13), несмотря на зависимость μ и

ε от независимых переменных. Далее эти методы будут рассмотрены на конкретном примере.

3. Пример. Расчет коаксиального кабеля

3.1. Постановка задачи

Для иллюстрации вышеизложенного рассмотрим частный случай уравнений Максвелла, а именно уравнения идеального коаксиального кабеля см. также рис. 1. В цилиндрической системе координат r, φ, z вектор напряженности магнитного поля будет иметь только составляющую, направленную только по дуге φ. Вектор напряженности электрического поля также будет иметь только составляющую, направленную по радиусу. При этом для электромагнитного поля в диэлектрике кабеля уравнения Максвелла принимают следующий вид:

$$\frac{\partial H}{\partial z} + \varepsilon \frac{\partial E}{\partial t} - J = 0, \tag{1}$$

$$\frac{\partial E}{\partial z} + \mu \frac{\partial H}{\partial t} = 0, \tag{2}$$

где

H – напряженность магнитного поля, направленная по дуге,

E – напряженность электрического поля, направленная по радиусу,

J – плотность электрического тока, создаваемая источником напряжения, подключенного к кабелю в точке $z=0$.

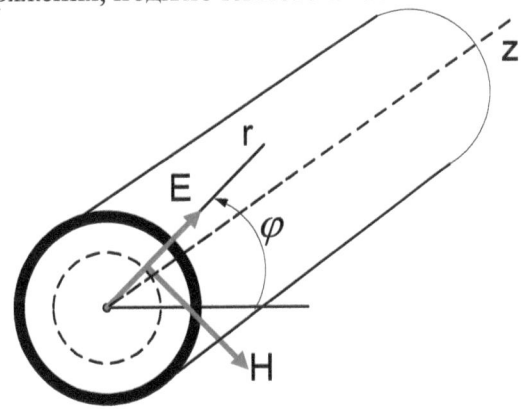

Рис. 1. Коаксиальный кабель

Эти уравнения соответствуют уравнениям (А.2.9, А.2.10). Все входящие в них величины являются функциями времени t и координаты z. Плотность электрического тока J создается источником напряжения u, подключенного к кабелю в точке $z=0$. Как известно,

$$J = -\beta \frac{\partial u}{\partial z}.\tag{3}$$

где β – проводимость кабеля в данной точке. Поэтому уравнение (1) может быть переписано в виде

$$\frac{\partial H}{\partial z} + \varepsilon \frac{\partial E}{\partial t} + \beta \frac{\partial u}{\partial z} = 0.\tag{4}$$

Пусть

$$u = v e^{j\omega t}.\tag{5}$$

Вначале рассмотрим известное решение уравнений (1, 4) при $z > 0$, т.е. уравнений (2) и

$$\frac{\partial H}{\partial z} + \varepsilon \frac{\partial E}{\partial t} = 0.\tag{6}$$

Оно имеет вид [3]:

$$E = E_1 e^{j(\omega t + \kappa z)} + E_2 e^{j(\omega t - \kappa z)},$$
$$H = H_1 e^{j(\omega t + \kappa z)} + H_2 e^{j(\omega t - \kappa z)},\tag{7}$$

где

$$\kappa = \omega \sqrt{\varepsilon \mu}.\tag{8}$$

Подставляя это решение в (2) и (6), сокращая на множитель $e^{j\omega t}$, приравнивая нулю суммы коэффициентов при $e^{j\kappa z}$ и $e^{-j\kappa z}$, а также учитывая (8), находим:

$$\frac{E_1}{H_1} = \sqrt{\frac{\mu}{\varepsilon}}, \ \frac{E_2}{H_2} = -\sqrt{\frac{\mu}{\varepsilon}}, \ \frac{E_1}{H_1} = -\frac{E_2}{H_2}.\tag{9}$$

При бесконечно большой нагрузке кабеля $E_2 = -E_1$. При этом из (9) следует, что $H_2 = H_1$. В этом случае решение (7) принимает вид:

$$E = E_1 \left(e^{j(\omega t + \kappa z)} - e^{j(\omega t - \kappa z)} \right)$$
$$H = H_1 \left(e^{j(\omega t + \kappa z)} + e^{j(\omega t - \kappa z)} \right)$$

или

$$E = 2E_1 j e^{j\omega t} \mathrm{Sin}(\kappa z),$$
$$H = 2H_1 e^{j\omega t} \mathrm{Cos}(\kappa z). \tag{10}$$

3.2. Функционал задачи

Наша задача заключается в следующем. Известны уравнения (2, 4, 5) и величины $\varepsilon, \mu, \omega, \beta, v$. Необходимо <u>найти вид функций</u> $E(t,z)$, $H(t,z)$, а в том случае, если будет показано, что решение имеет вид (10), надо определить также величины E, H, κ.

Решение будем искать в виде

$$H(t,z) = h_t e^{j(\omega t + \varphi_h)} \cdot h_z,$$
$$E(t,z) = e_t e^{j(\omega t + \varphi_e)} \cdot e_z, \tag{11}$$

где h_t, e_t - неизвестные числа, h_z, e_z - неизвестные функции.

Функцию u, заданную в единственной точке $z=0$, естественно определить в виде

$$u(t,z) = \gamma'(z) \cdot v e^{j\omega t} \tag{12}$$

где $\gamma'(z)$ – функция Дирака (производная единичной ступени).

Применим рассмотренный выше метод к данной задаче. Обозначим:

$$q = \begin{vmatrix} H \\ E \end{vmatrix}, \quad q(t,z) = q_t \circ q_z, \quad q_t = \begin{vmatrix} h_t e^{j(\omega t + \varphi_h)} \\ e_t e^{j(\omega t + \varphi_e)} \end{vmatrix}, \quad q_z = \begin{vmatrix} h_z \\ e_z \end{vmatrix},$$

$$\left(\frac{dq}{dz}\right)^T = \begin{vmatrix} \dfrac{dE}{dz}, & \dfrac{dH}{dz} \end{vmatrix}, \quad \left(\frac{dq}{dt}\right)^T = \begin{vmatrix} \dfrac{dE}{dt}, & \dfrac{H}{dt} \end{vmatrix},$$

$$U = \beta \cdot \begin{vmatrix} u \\ 0 \end{vmatrix}, \quad U = U_t \circ U_z, \quad U_t = \begin{vmatrix} -\beta v e^{j\omega t} \\ 0 \end{vmatrix}, \quad U_z = \begin{vmatrix} \gamma'(z) \\ 0 \end{vmatrix}.$$

Тогда уравнения (2, 4) примут вид единственного уравнения

$$\left(\frac{dq}{dz}\right)^T R_z + \left(\frac{dq}{dt}\right)^T R_t - U = 0,$$

где

$$R_z = \begin{vmatrix} 1 & 0 \\ 0 & 1 \end{vmatrix}, \quad R_t = \begin{vmatrix} 0 & \mu \\ \varepsilon & 0 \end{vmatrix}.$$

Функционал (1.4) в данном случае примет вид:

$$\Phi = \int\limits_0^T \left\{ \int\limits_0^Z \left\{ \left(\frac{dq}{dz}\right)^T R_z q + \left(\frac{dq}{dt}\right)^T R_t q - q^T U \right\} dz \right\} dt$$

или

$$\Phi = \int\limits_0^T \left\{ \int\limits_0^Z \left\{ \left(\frac{dq_z}{dz} \circ q_t\right)^T R_z (q_z \circ q_t) + \left(q_z \circ \frac{dq_t}{dt}\right)^T R_t (q_z \circ q_t) - (q_z \circ q_t)^T U \right\} dz \right\} dt$$

или

$$\Phi = \int\limits_0^T \left\{ \int\limits_0^Z \left\{ \begin{array}{l} \left(\frac{dh_z}{dz} h_t\right)(h_z h_t) + \left(\frac{de_z}{dz} e_t\right)(e_z e_t) \\[2mm] \left(e_z \frac{de_t}{dt}\right) \varepsilon (h_z h_t) + \left(h_z \frac{dh_t}{dt}\right) \mu (e_z e_t) \\[2mm] - \left(h_z h_t \beta v e^{j\omega t} \gamma'(z)\right) \end{array} \right\} dz \right\} dt \text{. (13)}$$

3.3. Решение задачи при фиксированных функциях времени.

Рассмотрим этот функционал при фиксированных функциях q_t

в зависимости только от функций независимой переменной z:

$$\Phi = \int\limits_0^Z \left\{ \begin{array}{l} \left(\frac{dh_z}{dz} R_{11} h_z\right) + \left(\frac{de_z}{dz} R_{22} h_z\right) \\[2mm] \left(\varepsilon S_{12} h_z^2\right) + \left(\mu S_{21} e_z^2\right) - U_{t1}\left(h_z \gamma'(z)\right) \end{array} \right\} dz, \qquad (14)$$

где

$$\left\{ \begin{array}{l} R_{11} = \left(\int_0^T \left\{ h_t^2 e^{2j(\omega t + \varphi_h)} \right\} dt \right), \quad R_{22} = \left(\int_0^T \left\{ e_t^2 e^{2j(\omega t + \varphi_e)} \right\} dt \right), \\[4mm] S_{12} = \left(\int_0^T \left\{ e_t e^{j\left(\omega t + \varphi_e + \frac{\pi}{4} \right)} h_t e^{j(\omega t + \varphi_h)} \right\} dt \right), \\[4mm] S_{21} = \left(\int_0^T \left\{ h_t e^{j\left(\omega t + \varphi_h + \frac{\pi}{4} \right)} e_t e^{j(\omega t + \varphi_e)} \right\} dt \right), \\[4mm] U_{t1} = -\left(\int_0^T \left\{ h_t e^{j(\omega t + \varphi_h)} \beta v e^{j\omega t} \right\} dt \right). \end{array} \right.$$

При представлении экспоненты комплексным числом определенный интеграл заменяется на скалярное произведение:

$$\int_0^T \left(a^T D \cdot b \right) dt = \frac{\pi}{\omega} a D \otimes b,$$

Здесь D – действительная квадратная матрица, $T = 2\pi/\omega$ - верхний предел в интеграле, а символом $\otimes$ обозначена операция покомпонентного скалярного умножения комплексных векторов a и b и сложения полученных произведений. Результатом такой операции является действительное число. Множитель можно не учитывать, т.к. он сокращается.

Учитывая это, находим:

$$\left\{ \begin{array}{l} R_{11} = h_t^2, \quad R_{22} = e_t^2, \quad S_{12} = \omega e_t h_t Cos\left(\begin{array}{c} \pi/4 + \\ \varphi_e - \varphi_h \end{array} \right), \\[4mm] S_{21} = \omega e_t h_t Cos\left(\begin{array}{c} \pi/4 + \\ \varphi_h - \varphi_e \end{array} \right), \quad U_{t1} = -\beta v h_t Cos(\varphi_h). \end{array} \right.$$

При этом из (14) получаем:

$$\Phi = \int_0^Z \left\{ \left(\left(\frac{dq_z}{dz} \right)^T \overline{R}_z q_z \right) + \left(q_z^T S_z q_z \right) - U_{t1} \left(h_z \gamma'(z) \right) \right\} dz, \quad (15)$$

где

$$\overline{R}_z = \begin{vmatrix} R_{11} & 0 \\ 0 & R_{22} \end{vmatrix} = \begin{vmatrix} h_t^2 & 0 \\ 0 & e_t^2 \end{vmatrix},$$

$$S_z = \begin{vmatrix} 0 & \varepsilon S_{12} \\ \mu S_{21} & 0 \end{vmatrix} = \omega e_t h_t \begin{vmatrix} 0 & \varepsilon Cos\left(\begin{matrix}\pi/4 + \\ \varphi_e - \varphi_h\end{matrix}\right) \\ \mu Cos\left(\begin{matrix}\pi/4 + \\ \varphi_e - \varphi_h\end{matrix}\right) & 0 \end{vmatrix}.$$

При $\varphi_e - \varphi_h = \pi/4$ имеем:

$$S_z = \omega \cdot e_t h_t \begin{vmatrix} 0 & -\varepsilon \\ \mu & 0 \end{vmatrix}. \qquad \qquad \dots(16)$$

При $\varphi_h = 0$ имеем:

$$U_{t1} = \beta v h_t.$$

Квазивариация (1.6) функционала (15) с учетом того, что

$$h_z \gamma'(z) = \gamma'(z),$$

имеет вид:

$$p_z = S_z q_z + \overline{R}_z \left(\frac{dq_z}{dz}\right) - \begin{vmatrix} U_{t1} \\ 0 \end{vmatrix} \cdot \gamma'(z)$$

Таким образом, на данном этапе оптимизация заключается в решении уравнения

$$S_z q_z + \overline{R}_z \left(\frac{dq_z}{dz}\right) - \begin{vmatrix} U_{t1} \\ 0 \end{vmatrix} \cdot \gamma'(z) = 0. \qquad (17)$$

Метод, алгоритм и программа решения такого уравнения рассмотрены в [5]. При $e_t = h_t = 1$ в развернутом виде это уравнение имеет вид

$$-\omega\varepsilon \cdot e_z + \frac{dh_z}{dz} + u = 0, \quad \omega\mu \cdot h_z + \frac{de_z}{dz} = 0, \qquad (18)$$

а его решение - вид

$$\begin{cases} h_z = H \cdot (Cos(\kappa z) + \gamma(z)) + H_o, \\ e_z = E \cdot Sin(\kappa z), \\ \kappa = \omega\sqrt{\varepsilon\mu}, \quad H = -u, \quad E = u\sqrt{\dfrac{\mu}{\varepsilon}}, \quad H_o = u. \end{cases} \tag{19}$$

Пример 1. Пусть

$$-\beta v = -55, \quad \frac{e_t}{h_t} = 1, \quad \varphi_h = 0, \quad \varphi_e = \frac{\pi}{2}, \quad \omega = 10, \quad \mu = 0.2, \quad \varepsilon = 3.2.$$

Это соответствует тому, что в начале расчета принимается

$$h_t e^{j(\omega t + \varphi_h)} = h_t e^{j\omega t}, \quad e_t e^{j(\omega t + \varphi_e)} = e_t e^{j(\omega t + \pi/2)}.$$

Уравнение (17) при этом принимает вид:

$$\begin{vmatrix} 0 & -\omega\varepsilon \\ \omega\mu & 0 \end{vmatrix} \cdot q_z + \begin{vmatrix} 1 & 0 \\ 0 & 1 \end{vmatrix} \cdot \left(\frac{dq_z}{dz}\right) - \begin{vmatrix} -55 \\ 0 \end{vmatrix} \cdot \gamma'(z) = 0.$$

Из этого уравнения следует, что

$$h_z = -A_h \cdot Cos(\kappa z), \quad e_z = A_e \cdot Sin(\kappa z), \quad \kappa = 8,$$

$$\frac{\partial h(z)}{\partial z} = \kappa A_h \cdot Sin(\kappa z), \quad \frac{\partial e(z)}{\partial z} = \kappa A_e \cdot Cos(\kappa z),$$

где $A_h = 55$, $A_e = A_h\sqrt{\dfrac{\mu}{\varepsilon}} = 13.75$. Можно убедиться, что величина κ удовлетворяет условию (8). Таким образом, на первой же итерации находится решение поставленной задачи: $H = -55e^{j\omega t}Cos(\kappa z)$, $E = 13.75 je^{j\omega t}Sin(\kappa z)$. Оно по форме соответствует формуле (10). Подставляя это решение в (2) и (6), находим:

$$\frac{\partial E}{\partial z} + \mu\frac{\partial H}{\partial t} = \frac{\partial}{\partial z}\left(13.75 je^{j\omega t}Sin(\kappa z)\right) - \mu\frac{\partial}{\partial t}\left(55e^{j\omega t}Cos(\kappa z)\right) =$$

$$= je^{j\omega t}Cos(\kappa z)(13.75\kappa - 55\mu\omega) = 0,$$

$$\frac{\partial H}{\partial z} + \varepsilon \frac{\partial E}{\partial t} = \frac{\partial}{\partial z}\left(-55e^{j\omega t}\mathrm{Cos}(\kappa z)\right) + \varepsilon \frac{\partial}{\partial t}\left(13.75\, je^{j\omega t}\mathrm{Sin}(\kappa z)\right) =$$

$$= e^{j\omega t}\mathrm{Sin}(\kappa z)\left(55\kappa - 13.75\varepsilon\omega\right) = 0,$$

а в точке $z = 0$ выполняется условие $A_h = u$, что и требовалось показать. На следующем рисунке представлен результат решения данного уравнения изложенным в [5] методом (вид функций является следствием решения, а не определен изначально).

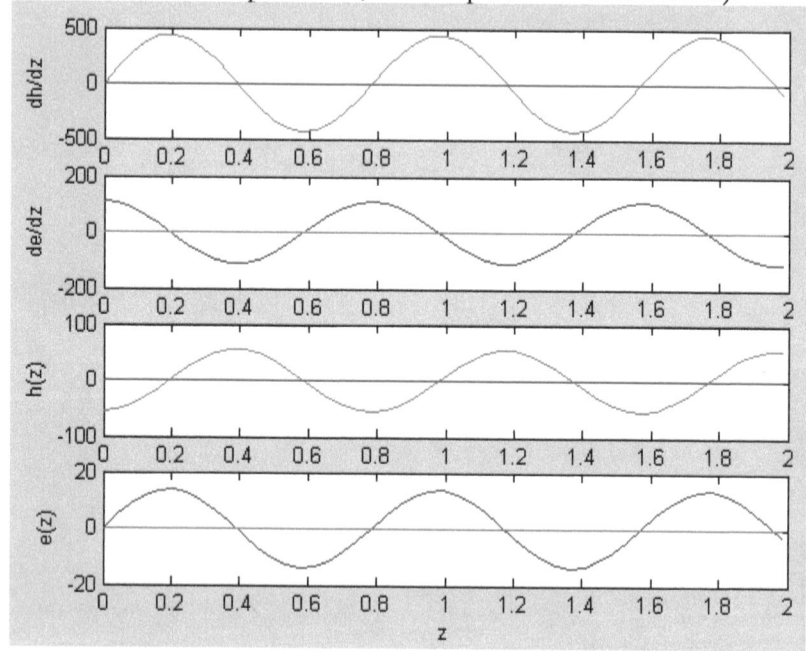

3.4. Решение задачи при фиксированных функциях переменной z

В примере 1 показано, что при известных функциях времени h_t, e_t могут быть найдены функции h_z, e_z переменной z которые принимают следующий вид:

$$h_z = -A_h \cdot \mathrm{Cos}(\kappa z) \cdot \gamma(z), \quad e_z = A_e \cdot \mathrm{Sin}(\kappa z) \cdot \gamma(z),$$

$$\frac{\partial h(z)}{\partial z} = -\kappa A_h \cdot \mathrm{Sin}(\kappa z) + A_h \cdot \gamma'(z), \quad \frac{\partial e(z)}{\partial z} = \kappa A_e \cdot \mathrm{Cos}(\kappa z), \tag{20}$$

где $A_e = A_h \sqrt{\dfrac{\varepsilon}{\mu}},\quad \kappa = \omega \sqrt{\varepsilon\mu},\quad A_h = u$.

Теперь будем полагать, что известны эти функции и будем искать функции времени h_t, e_t. Рассмотрим функционал (13) при фиксированных функциях q_z в зависимости только от функций независимой переменной t:

$$\Phi = \int_0^T \left\{ \begin{array}{l} \left(S_{11} h_t^2\right) + \left(S_{22} e_t^2\right) + \\[2mm] \left(\dfrac{de_t}{dt}\, \varepsilon R_{12}\, h_t\right) + \left(\dfrac{dh_t}{dt}\, \mu R_{21}\, e_t\right) \\[2mm] - U_{z1}\left(h_t e^{j\omega t}\right) \end{array} \right\} dt, \qquad (21)$$

где

$$\left\{ \begin{array}{l} R_{12} = R_{21} = \left(\displaystyle\int_0^Z \{e_z h_z\}dz \right) = 0, \\[4mm] S_{11} = \left(\displaystyle\int_0^Z \left\{ \dfrac{dh_z}{dz} h_z \right\} dz \right) = \left(\displaystyle\int_0^Z \left\{ -A_h^2 \gamma'(z) \right\} dz \right) = -A_h^2, \\[4mm] S_{22} = \left(\displaystyle\int_0^Z \left\{ \dfrac{de_z}{dz} e_z \right\} dz \right) = 0, \\[4mm] U_{z1} = -\left(\displaystyle\int_0^Z \{h_z \gamma'(z)\}dz \right) = -h_z(0) = A_h. \end{array} \right.$$

При этом из (21) получаем:

$$\Phi = \int_0^T \left\{ \left(\left(\dfrac{dq_t}{dt}\right)^T \overline{R}_t\, q_t \right) + \left(q_t^T S_t q_t\right) - U_z \right\} dz,$$

где

$$\overline{R}_t = \begin{vmatrix} 0 & \varepsilon R_{12} \\ \mu R_{21} & 0 \end{vmatrix} = \begin{vmatrix} 0 & 0 \\ 0 & 0 \end{vmatrix},\quad S_t = \begin{vmatrix} -A_h^2 & 0 \\ 0 & 0 \end{vmatrix},\quad U_z = \begin{vmatrix} A_h \beta v e^{j\omega t} \\ 0 \end{vmatrix}.$$

Квазивариация (1.10) этого функционала принимает вид:

$$p_t = S_t q_t + \overline{R}_t \left(\frac{dq_t}{dt} \right) - U_t.$$

Таким образом, необходимо решить систему уравнений

$$A_h^2 h_t + 0 \cdot \varepsilon \frac{de_t}{dt} - A_h \beta v e^{j\omega t} = 0,$$

$$0 \cdot e_t + 0 \cdot \mu \frac{dh_t}{dt} = 0.$$

Отсюда находим

$$h_t = \frac{\beta v}{A_h} e^{j\omega t} = e^{j\omega t}.$$

Подставляя h_t непосредствено в уравнение $\frac{\partial E}{\partial z} + \mu \frac{\partial H}{\partial t} = 0$,

находим: $\frac{\partial e(z)}{\partial z} e_t + j\omega \mu h_t h_z = 0$ или, учитывая (20),

$$e_t \kappa A_e \cdot Cos(\kappa z) - j\omega \mu h_t A_h \cdot Cos(\kappa z) = 0,$$

т.е. $e_t = h_t \frac{j\omega \mu A_h}{\kappa A_e} = j h_t$. Итак, получен результат, который был

исходны в примере 1. Таким образом, показана сходимость итерационнго процесса.

3.5. Кабель переменного диаметра.

Как указывалось в разделе 2, метод расчета без изменений используется и в том случае, когда магнитная проницаемость μ и диэлектрическая проницаемость ε зависят от пространственных координат. Рассмотрим для иллюстрации расчет кабеля с переменным диаметром d. При этом можно полагать, что

$$\varepsilon = \overline{\varepsilon} \cdot d(z), \quad \mu = \overline{\mu} \cdot d(z), \tag{22}$$

где $\overline{\varepsilon}$, $\overline{\mu}$ – известные константы, а $d(z)$ – известная функция

независимой переменной . Задаваясь, как и выше, определенными значениями электрической составляющей электромагнитного поля, вновь получаем уравнение (17), отличающееся только тем, что в нем матрица (16) представляется в виде

$$S_z = \omega \cdot e_t \cdot h_t \cdot d(z) \cdot \begin{vmatrix} 0 & -\overline{\varepsilon} \\ \overline{\mu} & 0 \end{vmatrix}. \qquad ....(23)$$

Для уравнения вида (17), где R_z является функцией от z, по-прежнему, применим изложенный в [5] метод. Однако нет доказательства того, что этот метод применим для уравнения вида (17), где S_z является функцией от z (хотя формально он может быть использован и дает правильное решение!). Поэтому необходимо доказать, что уравнение (17, 19) может быть преобразовано к виду, где S_z не зависит от z, а R_z зависит от z. Покажем это.

Уравнение (17) при условии (19) является системой двух уравнений:

$$-\omega e_t h_t \overline{\varepsilon} e_z d(z) + h_t^2 \frac{dh_z}{dz} - U_{t1} \cdot \gamma'(z) = 0,$$

$$\omega e_t h_t \overline{\mu} e_z d(z) + e_t^2 \frac{de_z}{dz} = 0.$$

Очевидно, их можно переписать в виде

$$-e_z + \frac{h_t^2}{\omega e_t h_t \overline{\varepsilon} d(z)} \cdot \frac{dh_z}{dz} - \frac{U_{t1}}{\omega e_t h_t \overline{\varepsilon} d(0)} \cdot \gamma'(z) = 0,$$

$$h_z + \frac{e_t^2}{\omega e_t h_t \overline{\mu} d(z)} \frac{de_z}{dz} = 0.$$

Представим их в матричной форме

$$S_z' q_z + R_z' \left(\frac{dq_z}{dz} \right) - \begin{vmatrix} U_{t1}' \\ 0 \end{vmatrix} \cdot \gamma'(z) = 0, \qquad (24)$$

где

$$S_z' = \begin{vmatrix} 0 & -1 \\ 1 & 0 \end{vmatrix}, \quad R_z' = \frac{1}{\omega e_t h_t d(z)} \begin{vmatrix} \dfrac{h_t^2}{\overline{\varepsilon}} & 0 \\ 0 & \dfrac{e_t^2}{\overline{\mu}} \end{vmatrix}, \quad U_{t1}' \frac{U_{t1}}{\omega e_t h_t \overline{\varepsilon} d(0)}.$$

Заметим, что здесь $R_z'(z)$ является функцией от z. Уравнение (24) при этом может быть решено указанным выше методом.

Пример 2. Добавим к условиям примера 1 условие (22), где $\bar{\mu} = 0.2$, $\bar{\varepsilon} = 3.2$. При этом уравнение (24) примет вид

$$\begin{vmatrix} 0 & -1 \\ 1 & 0 \end{vmatrix} \cdot q_z + \frac{1}{\omega d(z)} \begin{vmatrix} 1/\bar{\varepsilon} & 0 \\ 0 & 1/\bar{\mu} \end{vmatrix} \cdot \left(\frac{dq_z}{dz}\right) - \begin{vmatrix} -55/(\omega \bar{\varepsilon} d(0)) \\ 0 \end{vmatrix} \cdot \gamma'(z) = 0 \cdot$$

Это уравнение решено в данном примере. На следующем рисунке представлены результаты решения этого уравнения при $d(z) = 3.4 - 1.1 \cdot t$ (левые окна) и при $d(z) = 0.5 + 0.35 \cdot \text{Sin}(5t)$ (правые окна). Можно заметить, что частота пространственных колебаний изменяется в зависимости от z. Полное решение имеет вид $H = e^{j\omega t} H_z$, $E = je^{j\omega t} E_z$.

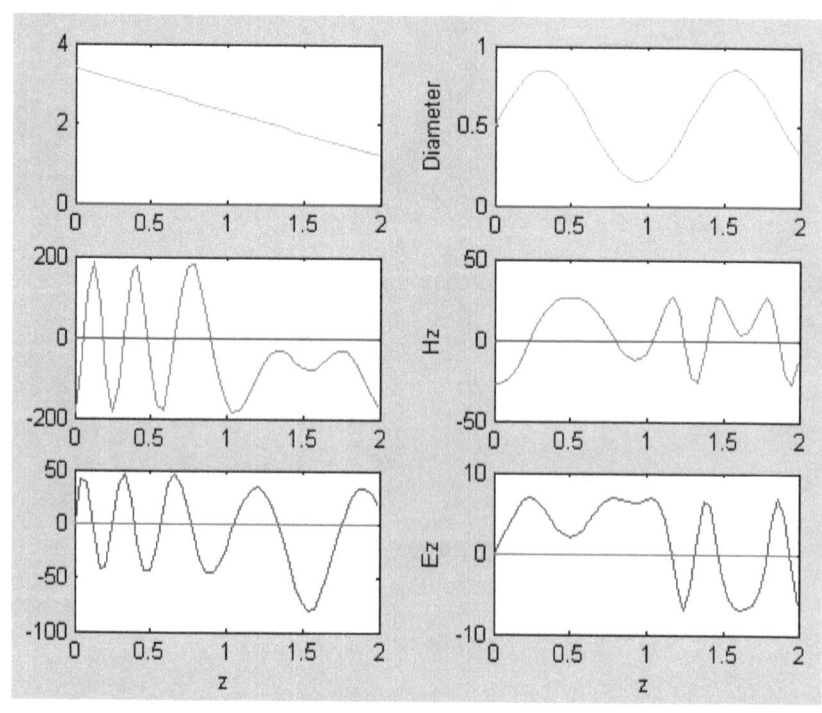

Литература

1. Хмельник С.И. Уравнения Максвелла как следствие вариационного принципа. «Доклады независимых авторов», изд. «DNA», printed in USA, Lulu Inc., ID 237433. Россия-Израиль, 2006, вып. 3.
2. Андре Анго. Математика для электро- и радиоинженеров, изд. «Наука», Москва, 1964, 772 с.
3. Сысун В.И. Теория сигналов и цепей. Министерство Образования РФ и Американский Фонд Гражданских Исследований и Развития. Петрозаводск, 2003. Web-версия http://media.karelia.ru/~keip/circuit/main.htm
4. Хмельник С.И. О вариационном принципе экстремума в электромеханических системах. «Доклады независимых авторов», изд. «DNA», printed in USA, Lulu Inc., ID 124173. Россия-Израиль, 2005, вып. 1.
5. Хмельник С.И. Вариационный принцип экстремума в электромеханических системах. Published by "MiC" - Mathematics in Computer Comp., Израиль-Россия, 2005, printed in USA, Lulu Inc. ID 172054.
6. Бредов М.М., Румянцев В.В., Топтыгин И.Н. Классическая электродинамика. Изд. «Лань», 2003, 400 с.

Серия: МАШИНОСТРОЕНИЕ

Кононенко Д.А.

Повышение точности и производительности обработки деталей путем управления перемещениями системы станок-привод-инструмент-деталь (СПИД)

Аннотация

Изложен методический подход к установлению механизма образования погрешностей обработки из-за упругого перемещения. Предлагается способ уменьшения относительного перемещения заготовки и инструмента с помощью системы адаптивного управления.

Возрастающие требования к качеству выпускаемых изделий и эффективности технологических процессов, предъявляемые современным машиностроением, определяют необходимость повышения уровня автоматизации производства, совершенствования структуры выпускаемого оборудования, повышение технологической гибкости производства за счет внедрения систем автоматического управления механическим оборудованием.

Решение этой проблемы неразрывно связано с повышением точности и производительности обработки деталей на металлорежущих станках. От решения указанной задачи зависит дальнейшее повышение качества и эффективности процессов, реализуемых на современных автоматических станках и установках, а также возможность создания новых технологий и конкурентоспособной техники.

Традиционные методы повышения точности обработки [1], [2] предусматривают:

- увеличение жесткости технологической системы СПИД (станок – приспособление – инструмент – деталь);

- снятие припуска за несколько проходов, уменьшение величины подачи и скорости резания;

- сортировку заготовок по группам для сокращения таких факторов, как колебание припуска и твердости материала;

- проведение мероприятий, направленных на уменьшение температурных деформаций системы СПИД.

Эти способы решают проблему повышения точности и производительности путем улучшения качества системы СПИД и подавления отрицательно действующих систематических факторов, практически постоянных по величине. Однако повышение точности обработки приводит к существенному снижению производительности и во многих случаях, в конечном счете, не обеспечивают достижения требуемого результата.

Все это послужило необходимыми предпосылками появления нового способа управления ходом технологического процесса. В 60-е годы профессором Б.С. Балакшиным была выдвинута идея адаптивного управления ходом технологического процесса изготовления деталей на металлорежущих станках.

Задачей адаптивных систем управления является такое изменение управляемых параметров процесса резания, которое в условиях действия случайных возмущающих воздействий обеспечило бы экстремум выбранного критерия оптимизации — производительности, себестоимости и т.п. [4].

Влияние на геометрические погрешности детали происходит через изменение закона относительного движения заготовки и обрабатывающего инструмента, что приводит в каждый момент времени к отклонению относительного положения заготовки и инструмента.

Рассмотреть все возможные варианты механизма образования геометрических погрешностей обработки не представляется возможным в силу огромного разнообразия конструкций технологической системы, схем базирования, условий обработки и др. Поэтому авторы ограничиваются описанием механизма образования погрешностей обработки из-за влияния упругих перемещений порождаемых силой резания.

Упругое перемещение является функцией силы и жесткости. ? Жесткость технологической системы определяется жесткостью $j_з$ части технологической системы, с которой связана заготовка, жесткостью самой заготовки $j_д$ и жесткостью $j_и$ части технологической системы, с которой связан обрабатывающий инструмент [3].

В свою очередь жесткости частей технологической системы зависят во многом от схемы базирования заготовки и инструмента, а жесткость заготовки — от ее конструкции. ?

Таким образом, в общем случае можно записать, что относительное перемещение заготовки и инструмента

$$y = y_з + y_д + y_и,$$ (1)

где y – упругое перемещение заготовки и инструмента; $y_з$ – упругое перемещение заготовки относительно станины станка; $y_д$ – собственные упругие деформации заготовки; $y_и$ – упругое перемещение инструмента относительно станины станка.

Представим каждое слагаемое уравнения (1) как отношение силы и жесткости, тогда

$$y = \frac{P}{j_з} + \frac{P}{j_д} + \frac{P}{j_и},$$ (2)

где $j_з, j_д, j_и$ – жесткость соответственно группы деталей от заготовки до станины, заготовки и группы деталей от инструмента до станины.

Рассмотрим образование каждого из слагаемых формулы (1) и их влияние геометрические погрешности детали.

Рассмотрим влияние действующих сил на примере изготовления вала при его базировании на токарном станке (рис 1).

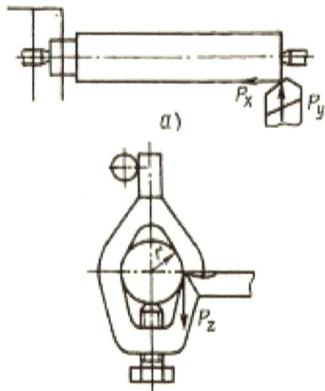

Рис. 1. Схемы сил, действующих при обработке вала на токарном станке.

Такая схема базирования широко применяется не только на токарных, но и на шлифовальных, зубообрабатывающих и других станках.

Представим силу резания как сумму трех ее составляющих

$$P_z = C_{pz} t^{xz} S^{yz} v^{nz} K_z;$$

$$P_y = C_{py} t^{xy} S^{yy} v^{ny} K_y;\qquad(3)$$

$$P_x = C_{px} t^{xx} S^{yx} v^{nx} K_x,$$

где C_{pz}, C_{py}, C_{px} - коэффициенты, характеризующие свойства обрабатываемого материала и материала режущего инструмента; t – глубина резания; S – подача; v – скорость резания; K_z, K_y, K_x - коэффициенты, характеризующие условия обработки; xz, xy, xx, nz и др. – показатели степени.

Раскроем составляющие уравнения (1) для принятой схемы базирования заготовки (рис. 2), представляющей собой гладкий вал:

$$y_3 = \left(1 - \frac{x_р}{L}\right)^2 \frac{P}{j_{п.ц}} + \left(\frac{x_р}{L}\right) \frac{P}{j_{з.ц}},\qquad(4)$$

где L – длина заготовки; $x_р$ – координата положения вершины резца на оси заготовки; $j_{п.ц}$ – жесткость переднего центра; $j_{з.ц}$ – жесткость заднего центра.

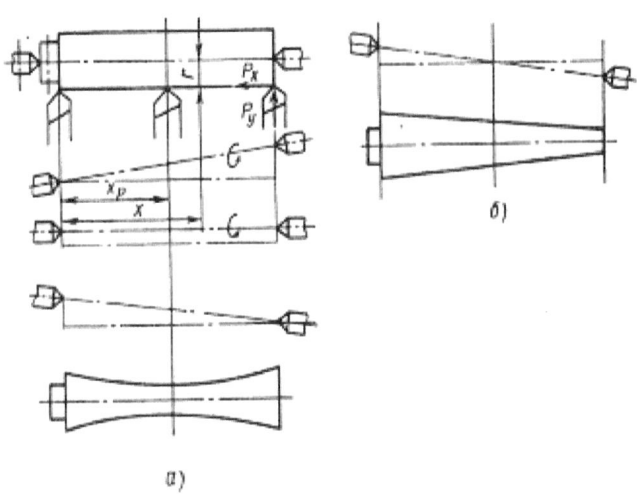

Рис. 2. Схема образования упругих перемещений переднего и заднего центров и погрешности вала при токарной обработке:

$а$, $б$ – под действием сил P_y, P_x соответственно.

Величина упругого прогиба $y_д$ оси гладкого вала под резцом в сечении $x=L/2$ определяется с помощью уравнения

$$y_{\text{д}} = \frac{Px^2(L-x)^2 x^2}{3EJL},\tag{5}$$

где E – модуль упругости первого рода; J – момент инерции; x – координата сечения, в котором рассчитывается прогиб.

Упругое перемещение резца:

$$y_{\text{и}} = \frac{P}{j_{\text{и}}}.\tag{6}$$

Рассмотрим влияние каждой из действующих сил на упругие перемещения технологической системы и погрешность детали.

Сила P_y. Влияние P_y на y_3 происходит следующим образом. По мере перемещения резца от заданного центра к переднему под действием силы P_y происходят непрерывные упругие перемещения обоих центров, зависящие от положения резца на оси вала, в результате происходит поворот оси вала.

Когда резец находится у заднего центра, упругое перемещение последнего $y_{\text{з.ц}}$ будет максимальным, а упругое перемещение переднего центра $y_{\text{п.ц}}$ равно 0, когда резец находится у переднего центра: $y_{\text{п.ц}}$ будет максимальным, а $y_{\text{з.ц}} = 0$.

По мере перемещения резца вдоль оси x от заднего центра к переднему центру поворот оси вала будет уменьшаться и в положении $x=L/2$ ось вала станет параллельна начальному положению, при условии $j_{\text{п.ц}} = j_{\text{з.ц}}$.

При дальнейшем движении резца ось вала начнет поворачиваться в другую сторону. Если построить огибающую кривую положений линии центров, то она будет иметь вид параболы в соответствии с уравнением (4).

В результате под действием силы P_y на детали появится погрешность формы детали в продольном сечении в виде "корсетности" (см. рис. 2, *а*).

Влияние P_y на $y_{\text{д}}$, как следует из уравнения (6), вызовет прогиб вала.

По мере перемещения резца от заднего центра к переднему величина прогиба будет увеличиваться и при $x=L/2$ достигнет максимального значения, а затем прогиб начнет уменьшаться. Из-за прогиба вала будет уменьшаться снимаемый припуск и в результате на валу появится погрешность геометрической формы в продольном сечении в виде "бочкообразности" (рис. 3).

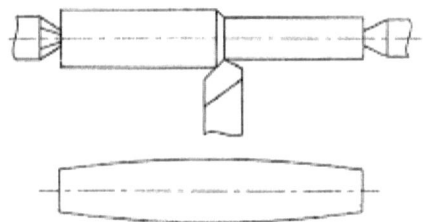

Рис. 3. Образование погрешности обработки от упругого
прогиба вала

Влияние P_y на $y_и$ можно рассчитывать с помощью зависимости

$$y_и = \frac{P_y}{j_и} \qquad (7)$$

Поскольку величина $y_и$ под действием силы P_y не зависит от положения резца по оси X, поэтому $y_и$ вызовет постоянную по величине погрешность диаметрального размера, а направление ? этой погрешности от положения центра поворота суппортной группы.

Сила P_x влияет на $y_з$ следующим образом. Поскольку сила P_x параллельна оси X и действует на плече, равном радиусу детали, то образуется момент, направленный по часовой стрелке, величина которого не зависит от положения резца на оси X. Под действием этого момента возникают упругие перемещения центров, при этом перемещение переднего центра направленно от резца, а заднего центра на резец (рис. 2, *б*); в результате ось вала оказывается повернутой. Это вызывает погрешность формы вала в продольном сечении в виде конусности (рис. 2, *б*), направленной в сторону заднего центра.

На величину $y_Δ$ сила P_x практически не влияет, так как направлена параллельно оси вала.

Влияние P_x на $y_и$ определяется из (7). Величина $y_и$ остается постоянной при любом положении резца на оси X, что приводит к погрешности диаметрального размера, направление которой зависит от положения центра поворота суппортной группы.

Сила P_z направлена по оси Z (рис. 1 *б*) и упругие перемещения, вызванные P_z, направлены перпендикулярно расстоянию между центром вала и вершиной резца. Вследствие этого величина относительного упругого перемещения заготовки и резца от силы P_z влияет на приращение радиуса детали величиной на порядок меньше и поэтому, как правило, этой погрешностью можно пренебречь.

Для уменьшения погрешности обработки, вызванной упругими перемещениями, авторы предлагают стабилизировать y (1), т.е. сохранять его величину. Это возможно, при управлении силами P_x и P_y.

Управлять силами P_x и P_y можно за счет управления одним или одновременно несколькими факторами, изменение которых оказывает влияние на ее величину, как это следует из функциональной зависимости (3). Наиболее целесообразно, по данным [1], управление силой резания путем изменения рабочих подач s_x и s_y. Подача увеличивается, если сила резания уменьшается и, наоборот, с увеличением силы резания подача уменьшается до нуля при приближении аварийной ситуации. Для системы автоматического управления подачами в системе СПИД необходимо иметь исполнительные механизмы бесступенчатого плавного изменения подач. Рабочие подачи s_x и s_y связаны функционально с токами двигателей прямой подачи и поперечной подачи соответственно. Поэтому для оценки рабочих подач s_x и s_y можно использовать токовые датчики установленные на обмотках двигателей подач.

Таким образом, наибольшее влияние на упругие перемещения из сил резания оказывают силы P_x и P_y. Способность системы СПИД управлять упругими перемещениями, которые были вызваны силами P_x и P_y, позволяет решить в определенных границах задачу сокращения погрешности при непосредственном съеме материала.

Основными преимуществами предлагаемой системы автоматического управления являются следующие.

Таким образом, достигается более высокая по сравнению с обычной точность обработки.

1. Обработка каждой детали партии и ее отдельных поверхностей осуществляется с наиболее выгодной подачей и тем самым с наименьшим машинным временем, т.е. с наибольшей производительностью, допускаемой технологической системой СПИД.

2. В ряде случаев сокращается количество проходов и тем самым повышается производительность системы СПИД.

3. Обработка деталей партии ведется с постоянной нагрузкой системы СПИД, что обеспечивает повышение размерной стойкости режущего инструмента; исключает поломки режущего инструмента и тем уменьшает расходы на инструмент; сокращает неравномерный

износ системы СПИД и тем самым расходы на ремонт и эксплуатацию оборудования.

4. Появляются возможности вести обработку на повышенных режимах, допускаемых системой СПИД.

5. Сокращается количество подналадок и смен инструмента и, следовательно, добавочно увеличивается штучная производительность.

Литература

1. Балакшин Б.С. Адаптивное управление станками. М., "Машиностроение", 1973, 688 с.

2. Базров Б.М. Адаптивное управление обработкой деталей в приборостроении. – М.: Машиностроение, 1979, 54 с.

3. Базров Б.М. Основы технологии машиностроения. М., "Машиностроение", 2005, 736 с.

4. Точность, надежность и производительность металлорежущих станков / Г.Д. Григорян, С.А. Зелинский, Г.А. Оборский и др. – К.: Техника, 1990. – 222 с.

Серия: НЕОКОНЧЕННЫЕ ИСТОРИИ НАУКИ

Хмельник С.И., Хмельник М.И.

К вопросу об источнике движущих сил в генераторе Серла.

Аннотация

Рассматриваются постоянные магниты в генераторе Серла, как возможные источники движущих сил, определяющих механическое движение цилиндров ротора вокруг статора. Показывается, что притяжение и отталкивание магнитных полюсов не изменяет скорости вращения ротора при любой скорости и любой конфигурации расположения полюсов на статоре и роторе генератора. Это побуждает искать другие источники движущих сил, также, впрочем, как и источники энергии генератора Серла

Оглавление

Введение

Генератор Серла известен по статьям в Интернете [1-4]. Известны также ссылки на техническую документацию [5, 6]. Известны организации, которые работают над реализацией и внедрением этого генератора [7, 8]. Первые опыты с этим генератором проводились в 1946 г. Однако, до настоящего времени не установлен источник энергии и даже источники движущих сил, определяющих механическое движение цилиндров ротора вокруг статора (по крайней мере, эта информация не опубликована). Конструкция генератора основывается на открытии эффекта Серла, который состоит в том, что намагничивание некоего материала постоянным током с «примесью» высокочастотной составляющей создает на поверхности этого материала <u>множество</u> магнитных полюсов. Однако знание этого никак не помогает выяснить источник энергии и объяснить возникновение движущих сил.

Следующая цитата из [3] описывает поведение генератора Серла:

> «...А затем произошло неожиданное. Генератор, не переставая вращаться, стал подниматься вверх, отсоединился от двигателя и взмыл на высоту около 50 футов. Здесь он немного задержался, разгоняясь все больше, и стал испускать вокруг себя розовое свечение. Это говорило об ионизации воздуха при очень низком давлении. Другой интересный эффект заключался в самопроизвольном включении расположенных рядом радиоприемников. Это может объясняться электромагнитным излучением в результате разрядов. В конце концов генератор разогнался до фантастической скорости и скрылся из вида...»

Можно выделить несколько феноменологических эффектов в функционировании генератора Серла:

1. возникает некоторая сила, заставляющая ротор вращаться;
2. есть неизвестный источник энергии вращения;
3. вращение является ускоренным;
4. возникает электромагнитное поле;
5. возникает статическое электрическое поле;
6. возникает подъемная сила.

Ниже рассматривается только эффект 1. Показывается, что притяжение и отталкивание магнитных полюсов не изменяет скорости вращения ротора при любой начальной скорости и любой конфигурации расположения полюсов на статоре и роторе генератора. Это побуждает искать другие источники движущих сил.

1. Постановка задачи

В первом приближении генератор Серла можно представить в виде конструкции, напоминающей шарикоподшипник - вокруг металлического обода перекатываются металлические цилиндры. Обод-статор намагничен так, что на каждой его граничной окружности имеется множество магнитных полюсов одного знака. Цилиндры намагничены так, что на их окружности также имеется множество магнитных полюсов. Имеется два ряда полюсов – см. рис. 1, где показаны развертки цилиндрических поверхностей статора и вращающихся цилиндров ротора.

Рис. 1

2. Движущая сила

Вращение цилиндров вокруг статора вызывается некоторой силой, источник которой неизвестен. Для попытки его выявления рассмотрим силы взаимодействия между цилиндром и статором – см. рис. 2. Силы притяжения между полюсами статора и цилиндра создают момент качения вокруг точки «О». В результате возникает касательная сила, которая направлена по касательной к цилиндру статора. Эта сила и является движущей силой, а ее причиной является притяжение магнитных полюсов. Эта сила является знакопеременной функцией $F(x)$ координаты x на развертке статора. В силу симметрии эта функция должна быть периодической с равными и противоположными по знаку значениями максимума и минимума. Таким образом, главная гармоника этой функции является синусоидой:

$$F(x) = F_0 \cdot Sin(\alpha \cdot x). \tag{1}$$

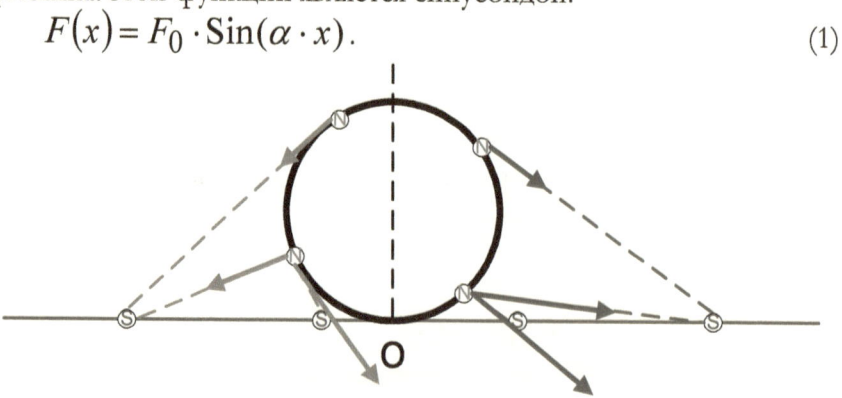

Рис. 2.

Для того, чтобы исключить громоздкие выкладки, рассмотрим менее сложный пример – см. рис. 3. Пусть по статору катится цилиндрический магнитный диполь, ориентированный перпендикулярно линии движения - будем далее называть его роликом. Каждый полюс ролика будем считать равномерно заряженным кругом. При этом действующая на него сила будет приложена к центру этого круга. На рис. 3 обозначено:

h - радиус ролика,

x - координата ролика,

z - координата некоторого (выделенного) полюса на статоре,

r – расстояние между центром ролика и выделенным полюсом на статоре,

f – горизонтальная составляющая силы взаимодействия между выделенным полюсом статора и полюсом ролика,

d – расстояние между соседними полюсами статора.

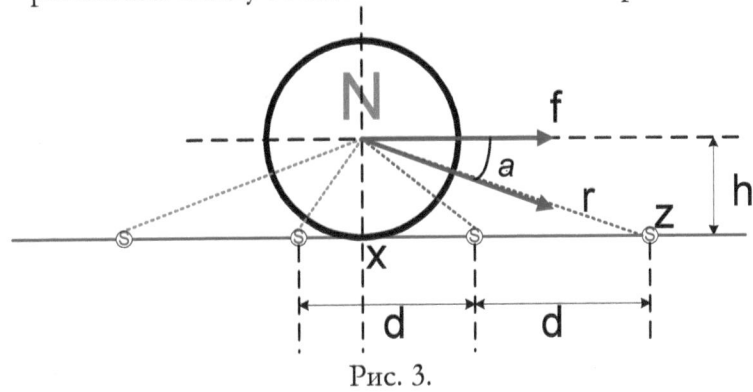

Рис. 3.

Известно, что сила взаимодействия двух магнитных зарядов вычисляется аналогично кулоновской силе взаимодействия двух электрических зарядов, т.е. сила взаимодействия между полюсами обратно пропорциональна квадрату расстояния между ними. Тогда горизонтальная составляющая силы взаимодействия между полюсом ролика и каким-либо полюсом статора будет равна

$$f(x,z) = \frac{m_1 m_2 \cos(\alpha)}{\mu \cdot r^2} \tag{1}$$

или

$$f(x,z) = b(x-z) \Big/ \left((x-z)^2 + h^2 \right)^{3/2}, \tag{2}$$

где

$$b = \frac{m_1 m_2}{\mu}, \tag{2a}$$

m_1, m_2 - магнитные заряды статора и ротора,

μ - магнитная проницаемость среды

и сила положительна, если направлена в сторону движения. По (2) при данном d можно найти суммарную движущую силу всех полюсов статора на полюс ролика.

Уравнение динамики генератора Серла, очевидно, имеет вид

$$F(x) = m\frac{d^2x}{dt^2}.$$ (3)

где m – масса ролика. Если сила удовлетворяет уравнению (1.1), то уравнение динамики приобретает следующий вид:

$$F_0 \cdot \text{Sin}(\alpha \cdot x) - m\frac{d^2x}{dt^2} = 0.$$ (3а)

В следующих разделах будет дано аналитическое решение уравнения динамики генератора Серла, а пока рассмотрим численное решение этого уравнения для определения скоростей движения роликов.

Пример 1. На рис. 4 приведен пример результататов такого решения в системе MATLAB при количестве точек на окружности $N=100$, $d=12.6$, $h=0.35$, $b=50$.

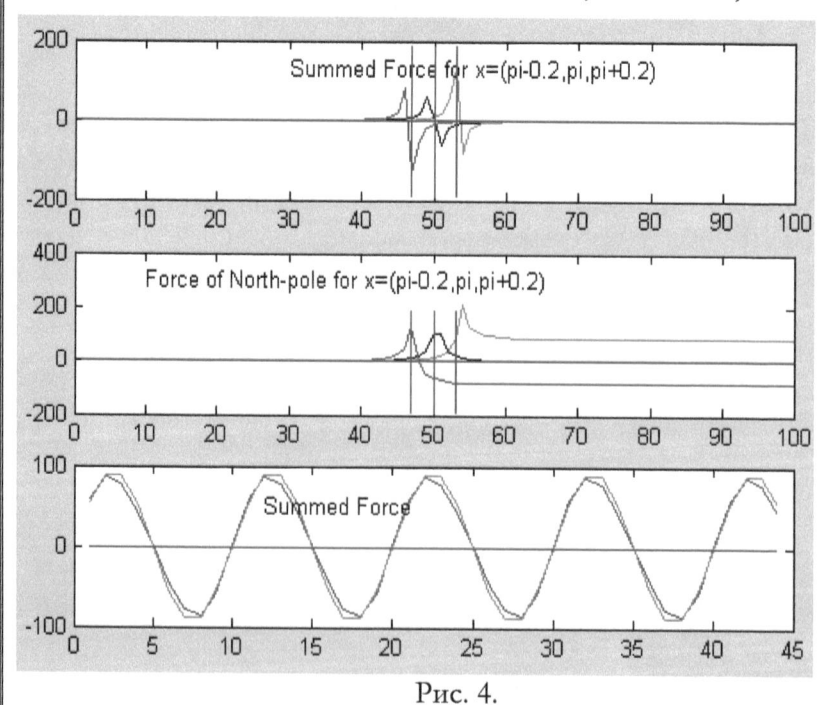

Рис. 4.

Расчет выполнен для $x = \pi - 0.2,\; \pi,\; \pi + 0.2$ или в пересчете на номера полюсов статора, $x = 46.8,\; 50,\; 53.2$.

В верхнем окне показаны пилообразные графики *Force of North-pole'* сил (2), действующих на ролик с данной координатой x (отмеченной вертикальной линией) со стороны полюса статора с координатой z – график функции $f_x(z) = f(x = \text{const}, z)$. Для учета кривизны окружности статора в расчете учитывается влияние только соседних 9-ти полюсов статора с каждой стороны. Впрочем, влияние более дальних полюсов (даже в предположении, что статор является прямым) совершенно незначительно (что видно на графиках *Force of North-pole'*).

Во втором окне показаны графики *'Summed Force'* суммы всех сил $f_x(z)$, действующих на ролик с той же координатой x со стороны множества полюсов статора с координатами $0 \le z \le z_1$,

где $0 \le z_1 \le 100$: $F_1(x, z_1) = \sum\limits_{0}^{z_1} f_x(z)$.

Видно, что окончательное значение этой силы при $z_1 \Rightarrow 100$ не равно нулю. Это значение и является искомой силой $F(x) = F_1(x,\; 100)$. В нижнем окне показана зависимость $F(x)$ от координаты x и аппроксимирующая ее зависимость (1).

Пример 2. Найдем приращение скорости на отрезке *d,* т.е. на отрезке, равном периоду функции (3). При численном интегрировании будем смещаться на m-ную часть этого отрезка и нумеровать такие сегменты отрезка индексом κ. Если известна начальная скорость $v(0) = v_0$, то длительность τ перемещения ролика на $\Delta = d/m$ может быть определена как корень уравнения

$$\Delta = v_0 \tau + g\tau^2 \big/ 2. \tag{4}$$

Новое значение координаты
$$x(k) = x(k-1) + \Delta, \tag{5}$$

новое значение ускорения $g(k)$ может быть найдено по (3) через известную по координате x силу $F(x)$, а новое значение скорости может быть вычислено как

$$v(k) = v(k-1) + \tau \cdot g(k). \tag{6}$$

На рис. 5 показаны графики этих величин, рассчитанные для прежнего примера при начальной скорости $v(0) = 0.25$.

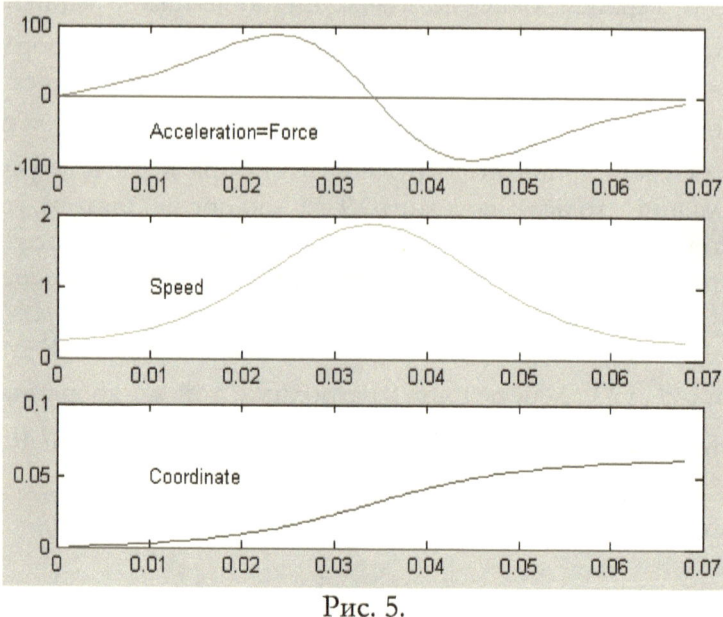

Рис. 5.

Пример 3.

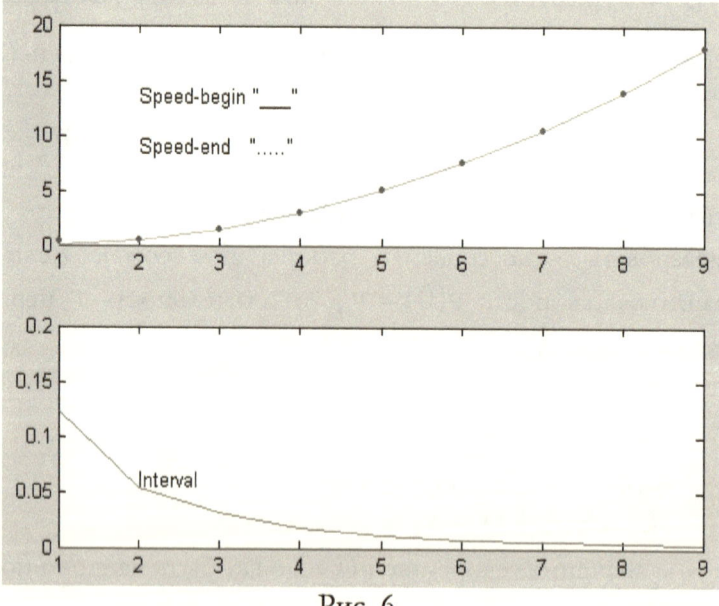

Рис. 6.

В математической модели для расчета скоростей предполагается, что ролик движется по бесконечной полосе, являющейся разверткой цилиндра статора (см. рис.1). Очевидно, движение по такой полосе соответствует многократному обходу цилиндра статора. На рис. 6 показаны графики изменения конечной скорости *"Speed-end"* и длительности движения *"Interval"*, рассчитанные для прежнего примера при прохождении роликом отрезков d с различной начальной скоростью *"Speed-begin"*. Видно, что <u>скорость не изменяется</u>.

3. Аналитическое исследование движущих сил

Покажем теперь более строго, что притяжение и отталкивание магнитных полюсов не изменяет скорости вращения ротора при любой скорости и любой конфигурации расположения полюсов на статоре и роторе генератора.

Рассмотрим далее подробно силы, действующие на полюс ролика на каком-либо выделенном интервале между двумя полюсами статора – см. рис. 3. В качестве такого интервала возьмем интервал $-d/2 \leq x \leq d/2$. При этом координаты полюсов статора $\pm(kd + d/2), \quad k = 0,1,3,\ldots$. Тогда из (2.2) для силы, действующей на ролик от двух симметрично расположенных относительно центра интервала полюсов, имеем:

$$f_k = \frac{b(d(k+1/2)+x)}{\left((d(k+1/2)+x)^2 + h^2\right)^{3/2}} + \frac{b(d(k+1/2)-x)}{\left((d(k+1/2)-x)^2 + h^2\right)^{3/2}}, \quad (2)$$

где b определено по (2.2a). Результирующая сила, действующая на ролик, будет равна

$$F = \sum_k f_k. \qquad (3)$$

Удобно будет далее перейти к безразмерным координатам

$$\xi = \frac{x}{h}, \quad u = \frac{d}{h}, \quad \Phi = \frac{f \cdot h^2}{b} = \frac{f}{f_o}. \qquad (4)$$

Тогда имеем для безразмерной силы

$$\Phi(\xi) = \sum_k \left(H_k(\xi) - H_k(-\xi)\right), \qquad (5)$$

$$H_k(\xi) = \frac{u(k+1/2) - \xi}{\left((u(k+1/2) - \xi)^2 + 1\right)^{3/2}}. \tag{6}$$

Из (5) и (6) следует, что

$$\Phi(\xi) = \sum_k \left(H_k(-\xi) - H_k(\xi)\right) = \Phi(-\xi), \tag{7}$$

т.е. функция $\Phi(\xi)$ является нечетной. Далее имеем:

$$u(k+1/2) - (\xi + u) = u(k-1/2) - \xi,$$
$$u(k+1/2) + (\xi + u) = u(k+3/2) + \xi,$$

$$\sum_k H_k(-\xi + u) = \sum_k H_k(\xi) + \frac{-u/2 - \xi}{\left((-u/2 - \xi)^2 + 1\right)^{3/2}},$$

$$\sum_k H_k(-\xi - u) = \sum_k H_k(\xi) + \frac{u/2 - \xi}{\left((u/2 - \xi)^2 + 1\right)^{3/2}}$$

и, следовательно,

$$\Phi(\xi + u) = \begin{cases} \sum_k \left(H_k(\xi + u) - H_k(-\xi - u)\right) = \\ \sum_k \left(H_k(\xi) - H_k(-\xi)\right) \end{cases} = \Phi(\xi),$$

т.е. функция $\Phi(\xi)$ является периодической с периодом u

Начиная с достаточно большого значения k в интервале $-u/2 \le \xi \le u/2$ имеем

$$|H_k| < \frac{u(k+1/2)}{\left(u(k+1/2)\right)^3} = \frac{1}{u^2(k+1/2)^2} < \frac{1}{u^2 k^2},$$

а ряд с членом $\dfrac{1}{k^2}$ сходится. Следовательно, ряд в $\Phi(\xi)$, который

с достаточно большого значения k этим рядом мажорируется, также сходится.

При $\xi = u/2$

$$\Phi(\xi) = \sum_k \left\{ \frac{u(k+1/2) - u/2}{\left(u^2 k^2 + 1\right)^3} - \frac{u(k+1/2) + u/2}{\left(u^2 k^2 + 1\right)^3} \right\} =$$

$$= \sum_{k=0} \left\{ \frac{uk}{\left(u^2 k^2 + 1\right)^{3/2}} - \frac{u(k+1)}{\left(u^2 (k+1)^2 + 1\right)^{3/2}} \right\} = \quad ,$$

$$= \sum_{k=1} \frac{uk}{\left(u^2 k^2 + 1\right)^{3/2}} - \sum_{k_1=1} \frac{uk}{\left(u^2 k_1 + 1\right)^{3/2}} = 0.$$

Таким образом, существенно, что на концах любого интервала между двумя полюсами статора движущая сила равна нулю.

На рис. 5 в верхнем окне показаны значения силы. Такой же вид имеют рассчитанные по вышеприведенным формулам значения безразмерной силы как функции положения центра ролика в интервале периодов для различных значений относительного периода. Можно показать, что для небольших значений u график близок к синусоиде, а при больших значениях u резко отличается от нее.

4. Уравнения движущегося ролика

Рассмотрим теперь изменение скорости ролика под действием рассчитанных выше сил. Запишем уравнение динамики ролика по основному уравнению динамики $f = m \dfrac{d^2 x}{dt^2}$ и подставим сюда выражение f, x через Φ, ξ и введем безразмерное время

$$\tau = \frac{t v_o}{h}. \tag{10}$$

где v_o - скорость ролика в точке $\xi = -u/2$ при $t = 0$. Тогда получим уравнение динамики в безразмерных величинах:

$$\Phi = R \frac{d^2 \xi}{d\tau^2}, \tag{11}$$

где

$$R = \frac{h m v_o^2}{b}, \tag{12}$$

представляет собой некоторое безразмерное число. Его можно записать как

$$R = \frac{mv_o^2}{F_m},$$ (12а)

где

$$F_m = \frac{b}{h^2}$$ (13)

представляет собой наибольшую силу взаимодействия между роликом и полюсом статора, характеризующую действие магнитных сил.

Величина

$$I = \frac{mv_o^2}{h}$$ (14)

характеризует инерцию ролика. Тогда

$$R = \frac{I}{F_m},$$ (15)

представляет собой безразмерное число, которое характеризует соотношение между магнитными силами и инерцией ролика. При большем влиянии магнитных сил R уменьшается, а при большем влиянии инерции R увеличивается. Этот безразмерный параметр имеет смысл назвать магнитомеханическим числом.

Будем решать уравнение (11) при начальных условиях в начале интервала периодов

$$\xi = \frac{-u}{2}, \quad v = v_o, \quad \tau = 0.$$ (16)

Введем безразмерную скорость

$$\gamma = \frac{d\xi}{d\tau} = \frac{1}{v_o} \cdot \frac{dx}{dt} = \frac{v}{v_o}.$$ (17)

Уравнение (11) можно представить в виде

$$\Phi = R\gamma \frac{d\gamma}{d\xi},$$ (18)

Отсюда с учетом условия (16) находим

$$\frac{\gamma^2}{2} - \frac{\gamma_o^2}{2} = \frac{1}{R} \int_0^\tau \Phi(\xi) d\xi$$ (19)

и

$$\gamma = \sqrt{\gamma_o^2 + \frac{1}{R}\int_0^\tau \Phi(\xi)d\xi} \ . \tag{20}$$

Подставляя в (20) выражение (5), получаем:

$$\gamma = \sqrt{\gamma_o^2 + \frac{2}{R}\sum_0^\infty (T_1(\xi) + T_2(\xi))}, \tag{21}$$

$$T_1(\xi) = \frac{1}{\sqrt{(u(k+1/2) - \xi)^2 + 1}} - \frac{1}{\sqrt{(u(k+1))^2 + 1}}, \tag{22}$$

$$T_2(\xi) = \frac{1}{\sqrt{(u(k+1/2) + \xi)^2 + 1}} - \frac{1}{\sqrt{(uk)^2 + 1}} . \tag{23}$$

Из (20-23) следует, что $\gamma = \gamma_o$ при $\xi = u/2$. Согласно полученным соотношениям скорость в интервале периодов будет меняться, то увеличиваясь, то уменьшаясь, но каждый раз по прохождении роликом одного периода будет принимать первоначальное значение. Следовательно, если с помощью внешних сил сообщить роликам некоторую скорость, то она будет периодически принимать первоначальное значение. Поэтому только взаимодействием магнитов объяснить возникновение вращения роликов в генераторе Серла нельзя.

Из (20) можно получить закон движения в виде зависимости

$$\tau = \int_{-u/2}^{\xi} \frac{d\tau}{d\xi}d\xi = \int_{-u/2}^{\xi} \frac{d\xi}{\sqrt{\gamma_o^2 + \frac{2}{R}\sum_0^\infty (T_1(\xi) + T_2(\xi))}} . \tag{24}$$

Все приведенные выше соотношения были получены в предположении, что ролик представляет собой равномерно намагниченный цилиндр. Если на ролике расположить какую-либо другую систему магнитных полюсов (например, так, как это сделано в генераторе Серла), то вид функции $f(x)$ изменится, но она очевидно останется периодической. Поэтому ее можно представить в общем случае рядом Фурье

$$f = \sum_{k=1} a_k \operatorname{Sin}\left(2\pi k \frac{x}{d}\right), \tag{25}$$

и уравнение динамики примет вид

$$\sum_{k=1} a_k \operatorname{Sin}\left(2\pi k \frac{x}{d}\right) = m\frac{d^2 x}{dt^2}. \tag{26}$$

Введем безразмерные переменные

$$\xi = \frac{x}{d}, \quad \tau = \frac{tv_o}{d}, \quad a_k = \alpha_k \cdot a_1, \quad \gamma = \frac{v}{v_o}.. \tag{27}$$

Тогда уравнение (26) примет вид

$$\sum_{k=1} \alpha_k \operatorname{Sin}(2\pi k \xi) = B\frac{d^2 \xi}{d\tau^2}, \tag{28}$$

где

$$B = \frac{mv_o}{a_1 d} \tag{28а}$$

- безразмерная постоянная. Отсюда

$$\sum_{k=1} \alpha_k \operatorname{Sin}(2\pi k \xi) = B\gamma\frac{d\gamma}{d\xi}, \tag{29}$$

Используя начальные условия (16), после интегрирования получаем

$$\frac{\gamma^2}{2} - \frac{\gamma_o^2}{2} = -\sum\frac{\alpha_k}{2\pi k}\left(\operatorname{Cos}(2\pi k \xi) - \operatorname{Cos}(\pi k)\right) \tag{30}$$

или

$$\gamma = \sqrt{\gamma_o^2 - \sum\frac{\alpha_k}{2\pi k}\left(\operatorname{Cos}(2\pi k \xi) - \operatorname{Cos}(\pi k)\right)}. \tag{31}$$

На конце интервала периодов $x = d/2$ и, следовательно, $\xi = 1/2$. Подставляя это в (31), получаем, что в конце периода $\gamma = \gamma_o$. Таким образом, для любого расположения полюсов на ролике скорость периодически принимает одно и то же значение. Следовательно, и в общем случае только взаимодействием магнитов объяснить возникновение вращения роликов в генераторе Серла нельзя.

Литература

1. Делямуре В. П. Эффект Серла. http://www.n-t.ru/tp/ns/es.htm

2. Генератор на эффекте Серла. Конструкция и процесс изготовления. Университет в SUSSEX. Факультет инженерии и прикладных наук Отчет SEG-002 http://ntpo.com/invention/invention2/23.shtml

3. S. Gunner Sendberg. Антигравитация. Эффект Серла. http://www.ufolog.nm.ru/artikles/searl.htm

4. Война или новая ступень развития ? http://ntpo.com/invention/invention2/10.shtml

5. S. Gunnar Sandberg. Searl-Effect Generator. Design & Manufacturing Procedure. – School of Engineering & Applied Sciences, University of Sussex, June 1985.

6. S. Gunnar Sandberg. The Searl Effect & The Searl-Effect Generator. Reconstruction of the experimental work carried out by John Searl between 1946 and 1952 concerning the claimed discovery of a new source of energy, 17 June 1987.

7. John Searl Solution. http://www.searlsolution.com/

8. Searl International Space Research Consortium. http://www.sisrc.com/

Серия: **ПСИХОЛОГИЯ**

Мурашкин В.В.

Эволюция сознания

Аннотация

В работе обосновывается необходимость пересмотра, а именно, расширения взглядов на сознание. Предлагается социологическая модель сознания, которую в первом приближении можно просчитывать и моделировать социологическими методами, а в дальнейшем, - и математическими методами. Обосновывается вывод о том, что эволюция биологических видов происходит в основном за счёт взаимно-обратной связи между организмом и его сознанием, а не за счёт естественного отбора мутаций. Мутации играют большую роль только для возникновения новых форм жизни, новых видов животных. Делается вывод о следующей основной форме сознания, которая начинает формироваться у людей – это интуиция. Делается вывод о формировании в биологическом виде «Homo sapiens», по крайней мере, пяти биологических подвидов.

Оглавление

Предисловие

Интерес к науке у автора этой работы возник в детстве и формировался не под чьим-то руководством, а в результате самостоятельной работы с литературой. С методологической точки зрения это означает, что все научные открытия автор как бы повторно открывал сам для себя, потому что до сущности этих открытий приходилось добираться самостоятельно, и самостоятельно разбираться во всех тонкостях. В результате такого подхода у автора сформировалось специфическое отношение к науке: наукой стоит заниматься только для того, чтобы сделать какое-то научное открытие, в противном случае наукой вообще не стоит заниматься.

Поэтому основной целью научных поисков автора стал поиск нового в науке, и только нового! Можно сказать, автору повезло, перед вами интересная программная работа, которая заложит основы новых научных знаний. По замыслу – работа фундаментальная, но исполнена не по правилам. То есть в работе есть новые идеи, претендующие на фундаментальность, и изложены они достаточно понятно, но невооружённым глазом видно, что с точки зрения классического оформления, изложены они дилетантом.

Для того чтобы написать примерную работу о сознании, нужно быть или философом, или психологом, или педагогом – смотря, о чём писать. Чтобы написать работу по эволюции биологических видов – нужно быть биологом. Чтобы заняться математическим моделированием сознания – нужно быть математиком. А кем нужно быть, чтобы охватить всё это вместе? Нужно быть исследователем, и желательно, физиком. Да, как узкий специалист любого профиля, автор дилетант. Но он физик и у него есть исследовательский дух, который позволил охватить и обобщить то, что непосильно для узких специалистов. Теперь, когда удалось сделать очередное научное обобщение, нужна работа узких специалистов. Поэтому автор пытается заинтересовать этими идеями других исследователей.

К сожалению, излагаемые ниже идеи затрагивают основы современной науки, поэтому вероятность того, что идеями заинтересуются учёные старших поколений, мала. Нужны молодые дерзкие умы. А автору нужно общение, потому что информации у него намного больше того, что здесь написано. Распространяя эти идеи, автор и надеется на такое общение.

Думаю, в ближайшие годы мы все должны понять, что эволюцию живой материи нужно рассматривать с учётом наличия у неё сознания. У простейших форм жизни есть простейшие формы сознания, у продвинутых форм жизни сознание очень сложное, и поведение любого живого существа определяется его сознанием. Это маленькая мелочь, но она способна полностью изменить наше мировоззрение.

Введение

За время существования жизни на Земле, физические условия на поверхности нашей планеты были достаточно стабильны, то есть химический состав атмосферы, и температура на поверхности Земли резко не изменялись. Собственно жизнь и могла возникнуть и сохраниться только в условиях этой стабильности.

Вполне вероятно, что за последний миллиард лет на Земле иногда были катастрофы, например, мощные вулканические извержения или столкновение Земли с астероидом или кометой, при которых физические условия резко менялись, что приводило к исчезновению одних форм жизни и возникновению других видов живых существ. Но в целом, возникновение новых видов живых существ и исчезновение старых происходило плавно и медленно по законам естественного отбора. Скорее всего, за последние несколько десятков миллионов лет на Земле вообще не было катастроф способных резко изменить физические условия на планете и привести к массовой гибели различных форм жизни.

В настоящее время все резко изменилось: по вине человека исчезли многие виды животных, ещё больше находятся на грани выживания; уничтожаются леса, изменился электромагнитный фон, радиационный фон; в результате деятельности человека началось изменение химического состава атмосферы и температурных условий на Земле…. Фактически все эти изменения произошли за последнее столетие. А что такое столетие для планеты? По космическим масштабам – это мгновение. То есть в течение сотен миллионов лет изменения были медленными и плавными, а сейчас, за столетие, всё начало резко меняться: с точки зрения эволюции жизни – это катастрофические изменения. То, что делает сейчас на планете человек – это космическая катастрофа для всех форм жизни, в том числе и для самого человека. Поэтому деятельность человека необходимо контролировать.

Понимание этого заставило меня заняться глобальными проблемами. В поисках решения глобальных проблем пришло понимание, что такое решение возможно только при снятии основного вопроса философии: «Материя первична, сознание вторично». Это заставило заняться сознанием человека, вначале в философском плане, потом в научном плане. Научный подход к проблеме сознания потребовал значительного изменения взглядов на природу сознания. Думаю, чтобы понять, кто мы и что с нами происходит, чтобы действительно взять эволюцию человека под контроль, мы должны пересмотреть свои взгляды на природу человека и других форм жизни, особенно на природу СОЗНАНИЯ.

Даже в настоящее время вопрос о природе сознания – один из наименее изученных основных вопросов мировоззрения. Для одних людей, сознание – это душа, для других – функция высокоорганизованной материи, для третьих – программа и т. п. До сих пор вопросами сознания наряду с учёными занимаются гадалки, колдуны, экстрасенсы, и многие люди верят им больше, чем ученым. А тот факт, что даже правительства иногда пользуются услугами предсказателей, только подтверждает, что современная наука имеет пока смутное представление о природе сознания.

В данной работе я хочу кратко предложить ещё одну точку зрения по данному вопросу. Сознание можно изучать на философском (космическом) уровне: с точки зрения вечного и бесконечного… Можно изучать на микроуровне: ДНК, нейроны, синапсы…. Но как физик, считаю, что начинать нужно с наблюдательных данных на макроуровне: то есть вначале нужно просто разобраться в том, что мы видим вокруг себя. И только потом можно углубляться в микро… и мегамиры. Поэтому ниже предлагаемая версия природы сознания – это результат длительных наблюдений невооружённым глазом, то есть это просто «макродинамика сознания», ни больше, ни меньше.

Кратко - о содержании работы «Эволюция сознания».

1. В работе обосновывается необходимость пересмотра, а именно, расширения взглядов на сознание. Это основной вопрос работы, и именно из-за него работа будет восприниматься «в штыки». Но это научный факт, к которому мы должны постепенно привыкать, хотим мы этого или не хотим. Предлагается под сознанием понимать не только интеллектуальную «верхушку» работы мозга, а весь комплекс работы мозга. В порядке эволюционного формирования это такие формы сознания: память, инстинкты, эмоциональное восприятие и логическое восприятие.

2. Предлагается социологическая модель сознания, которую в первом приближении можно просчитывать и моделировать социологическими методами, а в дальнейшем, и математическими методами, так как пространство сознания – это реально существующее функциональное многомерное пространство, которое можно научиться просчитывать методами многомерной математики. Думаю, это очень важный момент для понимания работы сознания, который позволит сделать прорыв в области создания искусственного интеллекта.

3. Обосновывается вывод о том, что эволюция биологических видов происходит в основном за счёт взаимно обратной связи между организмом и его сознанием, а не за счёт естественного отбора мутаций. Мутации играют большую роль только для возникновения новых форм жизни, новых видов животных.

4. Делается вывод о следующей основной форме сознания, которая начинает формироваться у людей – это интуиция. То есть интеллект, определяющийся мышлением, не является вершиной сознания. Интуиция – это та новая форма сознания, которая даст сознанию новые возможности, можно сказать, фантастические возможности.

5. Делается вывод о формировании в биологическом виде «Homo sapiens» по крайней мере, пяти биологических подвидов. То есть мы, люди, начинаем отличаться друг от друга не только по уровню развития сознания, но у нас могут появиться различия на уровне биологических подвидов, если человек поймёт это и прекратит сопротивляться этому процессу. Что тоже будет приниматься «в штыки», но к этому факту, что мы разные, тоже нужно постепенно привыкать.

Эволюция сознания

Около 3 миллиардов лет назад на нашей планете Земля возникла жизнь. В процессе эволюции живая материя стала очень разнообразной. Свойства живой материи описываются тысячами, миллионами различных понятий и характеристик. Но любая форма живой материи должна иметь наиболее общую характеристику, которая присуща только живому и которой нет у неживой материи. Любой из нас, наблюдая какой-либо объект окружающего мира, на бытовом уровне сразу понимает живой он или нет. Живая материя отличается от неживой материи своей функциональностью, активностью, деятельностью, и на бытовом уровне мы это сразу понимаем.

Для того чтобы отличать живую материю от неживой на научном уровне, в науке тоже должна существовать такая характеристика, понятие, категория, которая присуща живому и которой нет у неживых объектов. В науке такого понятия нет. С другой стороны, такое понятие есть – это СОЗНАНИЕ. Понимаю, что многие с этим не согласятся, категорически не согласятся, потому что к понятию «сознание» у нас другое отношение: сознанием обладает только человек – и все, это аксиома. Пришло время пересмотра этих взглядов, мы должны пересмотреть, значительно расширить и изменить наши представления о сознании, что я и предлагаю сделать в данной работе.

Скажу прямо, изменения настолько революционны, что я 20 лет не решался заговорить об этом. Но сейчас я уже дорос до того уровня, чтобы отстоять эти идеи. Кроме того, нашел такой стиль изложения материала, что отвергнуть его будет практически невозможно.

Мы привыкли к тому, что сознанием обладает только человек. Но с другой стороны, мы знаем, что сознание связано с деятельностью самой высокоорганизованной материи - мозга. А мозг есть не только у человека, он есть у многих видов животных. Даже если исходить из такой позиции, что сознание – это продукт не вообще всего мозга, а только коры головного мозга, то мы должны признать, что и кора головного мозга есть у многих животных. Естественно, что кора головного мозга у животных не такая как у человека, но и сознание у них тоже не такое как у человека. Но если сознание мы связываем с деятельностью мозга, то оно, сознание, должно быть у всех животных, которые обладают мозгом. Конечно, сознание не такое как у человека, но оно у них есть.

Мы привыкли отождествлять сознание с мышлением. А поскольку хорошо развитое мышление есть только у человека, поэтому и считаем, что сознание есть только у человека. Но сознание – это не только мышление. Человек часто, а точнее говоря чаще, принимает решения не на уровне мышления, а на уровне чувств, эмоций и даже инстинктов, которые присущи и другим живым существам, то есть сознание на уровне эмоций и инстинктов есть и у животных. Если же сознание рассматривать как вид высшей нервной деятельности, то такое сознание точно есть и у животных.

Вообще в вопросе о сознании много странного. Категория «сознание» в философии означает одно, в психологии – другое, в медицине – третье…. И все почему-то считают это нормальным. Но если философия, психология, медицина – это наука, то и термин «сознание» должен иметь строго научный смысл и быть одинаковым во всех сферах науки.

Как физик, я понимаю, что в науке все должно быть описано в какой-то системе, а не как кому хочется. В вопросе изучения сознания такой системы нет. Более того, вообще считается хорошим тоном, чтобы у любого крупного философа или психолога была своя модель описания сознания, а единой картины нет. То есть наука на макроуровне не имеет единых представлений о сознании, но это не мешает науке активно изучать сознание на микроуровне: нейроны, синапсы…. Всё это как-то странно. Хотя мы к этому привыкли и считаем это нормальным. Благодаря этой неразберихе, сознанием занимаются все, начиная от любой цыганки и заканчивая знаменитыми экстрасенсами.

В противовес такому состоянию представлений о сознании, хочу предложить единую картину мира сознания, естественно, в общих чертах, и подключить к разработке этой системы всю науку. Тем самым окончательно включить сознание в сферу деятельности науки и ученых. Сознанием должны заниматься ученые, а не астрологи, экстрасенсы и разные шарлатаны.

Итак, у нас есть все предпосылки, что сознанием обладает не только человек, но и другие живые существа. Естественно, сознанием не таким как у человека, другим, но все-таки сознанием. Кстати, у разных людей сознание тоже очень разное, но нас это не смущает. Почему бы и другим животным не обладать сознанием?! Но что такое сознание? С чего начинается сознание?

С памяти! Сознание – как способ отражения окружающего мира, начинается с памяти. Чтобы жить, существовать в этом мире, нужно запомнить, запомнить хотя бы на мгновение любое воздействие со стороны этого мира. Без памяти, ни о какой жизни не может быть и речи. Даже для простого воспроизводства простейшего живого объекта необходима память – генетическая память. Память может быть разная: логическая, чувственная, инстинкты, наследственность… Память – это способность живого существа хранить информацию, используя возможности своего организма.

Конечно, между мирами живой и неживой материи есть промежуточные формы. Но этого вопроса касаться не будем, в данной работе меня интересует только сознание, то есть только те объекты природы, которые обладают, по крайней мере, генетической памятью – это живые существа.

Исходя из выше изложенных предпосылок, введем постулат : «СОЗНАНИЕМ ОБЛАДАЮТ ВСЕ ФОРМЫ ЖИЗНИ». И попробуем построить систему взглядов, опирающуюся на этот постулат. Забегая вперед, сразу скажу, что система получается более чем интересная…

Первое, что следует зафиксировать – это главное свойство жизни: жизнь обладает дуализмом свойств – это организм плюс сознание. Зафиксируем это в виде логической формулы «ОРГАНИЗМ + СОЗНАНИЕ = ЖИЗНЬ». Лиши живое существо одной из этих составляющих и любое живое существо погибает, превращаясь в кучу костей или мокрое пятнышко. Поэтому мы не имеем права рассматривать любое живое существо просто в виде организма, в отрыве от его сознания. К сожалению, мы так и делаем. Например, эволюцию жизни на Земле мы представляем просто в виде эволюции организмов, что совершенно неправильно. Исправим этот недостаток и рассмотрим эволюцию организмов вместе с эволюцией их сознания. На рис. 1 изображена полная схема эволюции жизни.

Около трех миллиардов лет назад на планете Земля сформировались необходимые и достаточные условия, в результате чего возникла жизнь. Трудно сказать в какой форме это произошло, тем более что грань между живой и неживой материей размыта: есть растения, кораллы…

Первые организмы, видимо, представляли собой простейшие структуры из вещества. Их сознание представляло собой нечто похожее на простейшие компьютерные программы. Называть эти структуры живыми можно весьма условно. В течение следующих одного, двух миллиардов лет эти структуры постепенно усложнялись. Характерной особенностью этого периода является развитие «жизни для жизни», то есть жизнь развивалась как бы сама для себя, постепенно усложняясь и совершенствуясь, почти не реагируя на внешние условия. Это был своего рода «внутриутробный» период формирования жизни. Наконец, жизнь приобрела такие формы, когда живые существа приняли вид простейших живых организмов в современном понимании этого слова. Сознание их усложнилось настолько, что приняло вид генетической памяти, тоже в современном понимании этого слова. То есть к концу докембрийского периода появились довольно развитые формы жизни с достаточно сложной генетической памятью. Начиная с этого времени, эволюция живых существ изучена сравнительно неплохо, хотя и не полностью (правая часть на рис.1). Дополним ее эволюцией сознания этих живых существ (левая часть на рис.1).

К началу палеозойской эры самодостаточный «внутриутробный» период жизни закончился, и начали появляться такие живые существа, развитие которых было направлено на приспособление к внешней окружающей среде: беспозвоночные, первые рыбы, позвоночные, насекомые. Генетическая память живых организмов начала трансформироваться, расширяться, приобретая форму инстинктов и обычной памяти, что было совершенно необходимо для «запоминания» окружающей обстановки и реагирования на изменяющиеся внешние условия. Для жизни в разнообразной среде и изменяющихся условиях, главное – это запоминание окружающей обстановки. Поэтому в качестве основного инстинкта начала формироваться память, как способность запоминать информацию, память в современном понимании этого слова. Сознание живых организмов поднялось на новый уровень развития, память и инстинкты позволяли приспособиться к жизни в различной среде: на суше, в воде, в воздухе. Жизнь как бы закончила «внутриутробное» развитие и начала осваивать окружающее пространство, обживать окружающий мир. Это стало возможно благодаря возникновению и формированию инстинктов, и памяти – как основного инстинкта. Инстинкты открыли новую эру в развитии жизни. Именно в этот период начали возникать и формироваться новые виды сознания, например, индивидуальное сознание и групповое сознание. Естественно, эти виды сознания были не совершенны, вначале они возникали просто как различные виды инстинктов, но для развития различных форм жизни это был значительный шаг вперед.

Любое родившееся или появившееся живое существо уже обладает инстинктами, так как инстинкты записаны в генетической памяти. С точки зрения эволюции процесс этот очень медленный и долгий, чтобы научиться записывать жизненно важную информацию на уровне генетической памяти, природе потребовалось почти два с половиной миллиарда лет. Но природа нашла способ ускорения биологической эволюции.

К концу палеозойской эры некоторые формы жизни достигли такого уровня, что им стал необходим «аппарат», позволяющий анализировать состояние окружающей среды, и таким «аппаратом» стало формирующееся эмоциональное восприятие. Оказалось, что не обязательно всю жизненно важную информацию записывать в генетическую память, часть этой информации можно передавать путем обмена опытом, путем обучения. Эмоциональное восприятие позволяло достичь этого. Эмоциональное восприятие – это такая форма сознания, которая позволяла быстрее анализировать окружающую среду, окружающие формы жизни, вырабатывать новые механизмы, например, рефлексы, которые значительно расширяли и ускоряли возможности организмов приспосабливаться к окружающим условиям, что значительно повышало их способности к выживанию. Таким образом, ближе к концу палеозойской эры жизнь совершила новый скачок вперед, возникла новая форма сознания – эмоциональное восприятие.

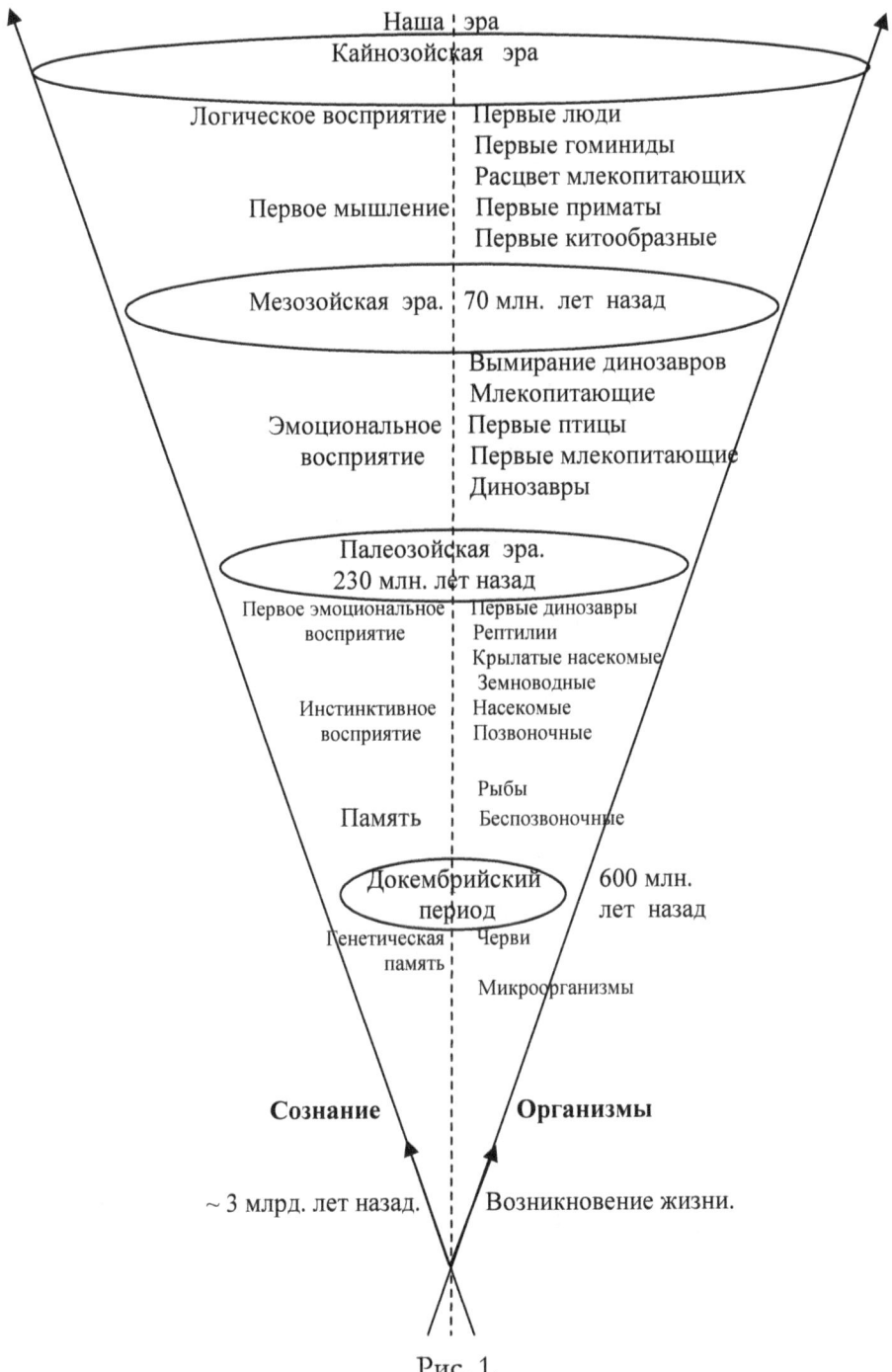

Рис. 1.

На уровне инстинктов жизнь приспосабливалась к окружающим условиям пассивно, значит долго и медленно, на уровне эмоционального восприятия – активно, то есть значительно быстрее и эффективнее. Мезозойская эра – это эра формирования и развития новой формы сознания – эмоционального восприятия. Именно в этот период возникли и начали формироваться новые виды животных, в частности, млекопитающие и птицы, которые и в наши дни являются доминирующими видами живых существ. Различные виды сознания этих видов жизни, в том числе инстинкты, индивидуальное сознание и групповое сознание получили новое развитие, и поднялись на более высокий уровень развития – на уровень развития эмоционального восприятия.

Природа, нащупав механизм ускорения эволюции живой материи, стремится усовершенствовать этот механизм. В конкурентной борьбе за место под солнцем преимущество получают те виды животных, которые быстрее эволюционируют. Хорошо развитое эмоциональное восприятие позволяло получать всё более и более разнообразную информацию об окружающем мире. Чтобы справиться с этим потоком всё возрастающей информации, мозг животных развивается в направлении позволяющим анализировать, сопоставлять эту информацию и делать из этого выводы. Постепенно начинает формироваться новая форма сознания: логическое восприятие. Уже в начале кайнозойской эры появились животные с хорошо развитой корой головного мозга. Со временем появлялись все более умные виды животных, вначале с конкретным мышлением, наконец, появились гоминиды – человекообразные обезьяны, у которых было не только хорошо развитое конкретное мышление, но и появились зачатки абстрактного мышления. Развитие и формирование последнего, в конце концов, привело эволюцию жизни к возникновению первого разумного животного – человека, со способностью к логическому восприятию окружающего мира.

После возникновения мышления, значительное развитие и усовершенствование получили все основные формы и виды сознания. Память, инстинктивное и чувственное восприятие, индивидуальное и групповое сознание видоизменились и достигли более высокого развития – на уровне мышления.

Скорее всего, достаточно развитое конкретное мышление имеют и некоторые животные, например, человекообразные обезьяны и дельфины. Об этом свидетельствует и хорошо развитая кора головного мозга этих животных, и их способности. Достаточно развитое абстрактное мышление есть только у человека. Почему? Ответ на этот вопрос дает история последних столетий, когда человек, открывая новые земли и, встречая на них людей, которые на тысячи и десятки тысяч лет отставали в своем развитии от современного человека, просто уничтожал себе подобных. Очевидно, человек вел себя так и раньше. Поэтому различные виды гоминидов, которые должны были бы существовать на эволюционной лестнице между человеком и животными, просто были уничтожены более развитыми видами человека.

В настоящее время этот процесс продолжается, то есть человек, по существу, ведет себя как чудовищное животное, уничтожая все живое, в том числе себе подобных, если их взгляды существенно отличаются от его мировоззрения. Поэтому назвать современного человека разумным можно весьма условно. Разумным человек станет тогда, когда поймет эволюцию жизни на Земле и свое место в этой эволюции. Что все формы жизни, окружающие нас – это наши корни. Что сознание человека не возникло из ничего, а сформировалось в результате эволюции всех форм жизни за миллиарды лет. Поэтому мы должны бережно относиться не только к людям, но и к другим видам животных. Вот когда мы это поймем, когда пересмотрим свое отношение к различным видам жизни, тогда мы и станем разумными. Кажется, произойдет это не скоро и не со всеми.

В астрономии известен такой феномен. В связи с тем, что скорость света конечна, наблюдая звезды, галактики, квазары, мы видим их не такими, какими они являются в настоящее время, а такими, какими они были в прошлом, в зависимости от того, сколько времени идет свет от этих объектов. Например, если выбрать галактики одного типа, находящиеся от нас на различном расстоянии, то можно получить представление об эволюции галактик этого типа, потому что ближайшие из них мы наблюдаем такими, какими они были несколько миллионов лет назад, более далекие – такими, какими они были десятки или сотни миллионов лет назад…

Аналогичный феномен наблюдается в мире живых существ. В процессе эволюции появляются всё новые виды живых существ, причем различия между видами могут быть весьма существенными, но в рамках одного вида изменений почти нет. То есть, если какой-то вид образовался, допустим, 20 миллионов лет назад, а другой – 200 миллионов лет назад, то мы их наблюдаем такими, какими они были, соответственно, 20 и 200 миллионов лет назад. Таким образом, наблюдая различные формы жизни, мы видим далекое прошлое живых существ, причём не только в плане их организмов, но и в плане их сознания. Окружающий мир – это лаборатория, в которой мы можем наблюдать жизнь различных эпох. Это еще один аргумент в пользу того, зачем нам нужно охранять окружающую жизнь и природу. За последние десятки тысяч лет люди истребили громадное количество видов животных. Представляете, какие это для нас потери с точки зрения изучения жизни и сознания? Если бы сохранились гоминиды, которые на эволюционной лестнице располагаются между животными и человеком, то мы бы не считали человека каким-то особым существом, мы бы лучше понимали свою связь с природой и другими живыми существами.

Если предположить, что люди произошли от одного вида гоминидов и в одно время, допустим, 4 миллиона лет назад, то поскольку эволюция зависит от различных факторов, например, от климатических условий, и идет с различной скоростью, то за прошедшие 4 миллиона лет произошло эволюционное рассеяние и среди людей есть такие, которые эволюционно отстают или опережают средние массы людей. Учитывая племена в джунглях, можно предположить, что это эволюционное рассеяние составляет десятки тысяч лет. А если исходить из того, что на разных континентах люди могли появиться в разное время, то это эволюционное рассеяние будет ещё больше. То есть в настоящее время среди нас, людей, есть такие, кто опережает по развитию средние массы, а есть такие, кто отстает. Такова природа человека.

В плане сознания это означает, что сознание некоторых людей развивается с опережением, а других – с отставанием. Причем это не определяется воспитанием или образованием, это результат эволюции сознания.

Учитывает ли наше образование, что в одном классе могут сидеть рядом ученики, между которыми эволюционные 30 – 40 тысяч лет? Что одним из этих детей можно пойти в школу в 5 лет, а другим нужно пойти в 8 – 9 лет? Наша система образования это совершенно не учитывает, что порождает массу проблем. Особенно остры эти проблемы там, где требуется абстрактное мышление. Другие виды сознания сформировались раньше и достаточно хорошо развиты у всех людей. Абстрактное мышление человека находится в стадии формирования и эволюционное отставание в 30 – 40 тысяч лет просто означает, что у одних детей оно есть, а у других его нет, и это не компенсируешь никакими методиками.

Наличие сознания нужно учитывать у любого живого существа. В настоящее время очень модной и популярной стала тема клонирования. Но вырастить точную копию какого-либо животного практически невозможно. Даже на биологическом уровне, чтобы получить организм, являющийся копией, необходимо чтобы этот организм жил в той же среде, в которой жил основной организм, с которого снимают копию. Если среда будет другая, то любая инфекция может привести к болезни, и в дублируемом организме появятся отличия на биологическом уровне. А вырастить дубликат с одинаковым сознанием вообще невозможно. Даже если два экземпляра клонированных животных выращивать вместе, то на уровне сознания неизбежно столкновение интересов. Поэтому сознание, то есть поведение, клонированных животных будет различаться.

Вырастить копию человека вообще невозможно, потому что для человека сознание – это главная и основная характеристика, которая в основном формируется за счёт обучения в общественной среде, а повторить среду обучения невозможно.

Эволюция и мутации

Современная наука считает, что эволюция видов живых организмов происходит путем естественного отбора мутаций. Так ли это? В основе любой теории должны лежать наблюдения. Понаблюдаем: много ли вокруг нас мутантов, среди людей, среди животных, среди насекомых, где смена поколений происходит очень быстро? Прямо скажем – не очень. Что-то тут не так. Разберемся. Теперь это сделать совершенно необходимо, так как мы поняли, что эволюция живых существ – это не только эволюция организмов, но и эволюция их сознания.

Допустим, что эволюция видов происходит только за счет мутаций. Мутации ведут к разнообразию. Сильные мутации чаще всего порождают просто уродов и на этом все заканчивается. А вот незначительные мутации действительно ведут к разнообразию. Но к какому? Лучше всего это понять на примере человека. Человек – это такое существо, которое явно обладает дуализмом свойств: организм плюс сознание. Ясно, что мутации человека увеличивают разнообразие организмов и сознания, причем, очевидно, разнообразие сознания гораздо шире, чем разнообразие тел: чаще всего внешне ребёнок похож на кого-то из своих родителей, а вот характер у него чаще всего бывает свой собственный. То есть мутации приводят, прежде всего, к изменениям в сознании. Благодаря этому, среди нас часто появляются великие математики, поэты и авантюристы...

Но сознание – это очень гибкий элемент по сравнению с организмом. Для того чтобы появились явные эволюционные изменения в организмах животных, нужны тысячи или десятки тысяч лет. Сознание может изменяться гораздо быстрее, поэтому возникает естественный вопрос: «А может мутации, в эволюции видов, играют не такую большую роль, как мы считаем?» Не может ли эволюция обойтись вообще без мутаций?

Для возникновения нового вида мутации действительно могут играть главную, «забойную» роль. Но когда вид сформировался, мутации скорее мешают совершенствованию вида, чем помогают его усовершенствованию. Вид, который хорошо вписался в окружающую среду, не требует резких изменений. Ему нужно медленное эволюционное совершенствование, что достигается за счет обратной связи между сознанием и организмом.

Допустим, в лесу обитает стадо животных, приспособленное к жизни именно в лесу. В результате мутаций сознания, в стаде периодически появляются животные, которые предпочитают уходить из стада и питаться в одиночестве. Большинство таких отбившихся от стада животных погибает. Но, в конце концов, какое-то из таких животных выйдет на опушку леса, обнаружит изобилие пищи, вернётся в стадо и постепенно каким-то образом передаст эту информацию другим животным. Через некоторое время, питаться на опушке станут несколько животных, потом их станет больше и, наконец, всё стадо переместится обитать на опушку леса. И всё это произошло не в результате мутаций, а в результате изменения сознания животных, которое определяет их поведение.

Но на этом процесс не заканчивается. Он продолжается... и, через несколько десятков или сотен поколений, стадо этих животных меняет среду обитания и перемещается в степь. Причём за это время меняется и внешний вид животных. В лесу они были маленькие и юркие, в степи они стали крупными, способными быстро перемещаться в поисках пищи на большие расстояния. И всё это произошло не в результате мутаций, а в результате взаимно обратной связи между сознанием и организмом животных.

То есть, попав в изменившиеся внешние условия, прежде всего, наступают изменения в сознании животных. Изменения в сознании ведут к изменению поведения животных. Изменившееся поведение ведет к изменениям организмов, в частности, внешнего вида животных. Но изменение организма, изменение параметров тела животного изменяет его сознание... и всё повторяется. Таким образом, эволюция видов может происходить в основном за счёт взаимно обратной связи между сознанием и организмом живых существ, а не в результате мутаций.

Мутации скорее мешают нормальной эволюции вида и ведут к резким изменениям, то есть к возникновению совершенно нового вида живых существ или новым подвидам, чаще всего, нежизненно способных.

Естественно, выше изложенная взаимно обратная связь между сознанием и организмом описана на макроуровне, на уровне наблюдений за развитием живых существ. Механизм этой взаимно обратной связи, конечно, находится на микроуровне, то есть на уровне взаимодействия между нейронами и генами. Как осуществляется эта связь практически, нужно изучать на микробиологическом, генетическом уровне. Но понимать тенденции развития сознания и организма, их взаимосвязь на макроуровне просто необходимо, так как это позволит вести научный поиск целенаправленно, а не случайным образом, и глубже понимать происходящие процессы.

Сознание человека

Организм, то есть тело человека является результатом эволюции живой материи в течение длительного времени. Наблюдая за внутриутробным развитием зародыша человека, фактически можно проследить весь путь эволюции, в результате которой сформировалось тело человека.

Точно так же и сознание человека не является результатом какого-то «скачка», оно тоже сформировалось в результате эволюции всей живой материи. То есть нельзя считать, что до «скачка» сознания не было, а после «скачка» сознание появилось. Сознание у живых организмов было всегда, просто до «скачка» в сознании животных не было логического восприятия (мышления), а после «скачка» оно сформировалось. Строго говоря, и никакого «скачка» не было, так как мышление формировалось постепенно, в течение длительного периода.

Таким образом, сознание человека возникло, формировалось, видоизменялось и развивалось в течение эволюции всех форм жизни, то есть сознание человека прошло все этапы, изображенные на рис. 1. Основой сознания является память – это главный элемент сознания. В процессе эволюции память человека значительно усложнилась, но в основе памяти лежит один принцип: память – это способность сознания отражать окружающие события в проекции на шкалу времени и считывать информацию с этой шкалы. У человека механизм записи и считывания информации очень сложен: какая-то информация обрабатывается на уровне инстинктов, какая-то – на уровне чувств и эмоций, а самая сложная информация записывается и считывается на уровне мышления, то есть память человека в процессе эволюции усложнялась и в конечном итоге развита на уровне логического восприятия окружающего мира.

Для функционирования организма, достаточно генетической памяти. Но для элементарного реагирования на окружающую среду нужен новый механизм, и в процессе эволюции он постепенно сформировался – это инстинкты. Инстинкты необходимы, чтобы любое живое существо взаимодействовало с окружающей средой, с другими живыми существами, особенно в рамках своего вида. Инстинкты жёстко определяют поведение живого существа, но человек, в какой-то мере, может контролировать инстинкты на уровне эмоционального и логического восприятия. Выше было отмечено, что память можно считать основным инстинктом. На самом деле память первична, инстинкты вторичны, поэтому инстинкты как бы «выросли» из памяти, и если память – это основной инстинкт, то другие инстинкты – это как бы видоизменившаяся память. Но инстинкты достаточно сложны, поэтому их нужно считать самостоятельной формой сознания. С помощью мышления человек, в какой-то мере, может управлять своими инстинктами, поэтому можно сказать, что инстинктивное восприятие человека тоже развито на уровне логического восприятия окружающего мира.

Сотни миллионов лет назад растительный и животный мир на Земле был не так разнообразен, и инстинктивного восприятия хватало, чтобы жить в этом мире. Но разнообразие постепенно возрастало, и животные все чаще сталкивались с новыми ситуациями. Инстинктов стало не хватать, чтобы выжить в изменяющейся окружающей среде. Возник и начал формироваться новый, более гибкий механизм взаимодействия с окружающей средой – эмоциональное восприятие окружающего мира. Оно развивалось вместе с усложняющимся внешним миром и позволяло животным быстро приспосабливаться к изменениям в окружающей среде. Эмоциональное восприятие – это своего рода «предмышление», которому можно научиться и с помощью которого уже можно различить, что опасно, а что нет, кто опасен, а кто нет. В мире человека эмоции, поднятые до уровня мышления, даже называются иначе – чувствами, и играют громадную роль, определяя такие понятия, как традиция, искусство, культура.

Наконец, в последние миллионы лет, возможно 10 – 20 миллионов лет, на вершине пирамиды жизни возникла и начала формироваться новая форма сознания – логическое восприятие окружающего мира. Логическое восприятие — это способность сознания улавливать и отражать закономерности в окружающем мире. Очевидно, эта форма сознания находится в стадии формирования и развития, поэтому даже среди людей не все имеют хорошо развитое мышление. Но зачатки мышления есть, видимо, у многих видов животных. Вполне возможно, что у китообразных есть неплохо развитое мышление, но из-за обитания в другой среде, их мышление совсем другое, чем у человека. Мы это просто не в состоянии понять, особенно принять. В этом вопросе мы заняли такую позицию: «Поведение дельфинов не такое, как нам хотелось бы, мышление не такое как у нас, значит, у них нет мышления». Что не удивительно, ведь порой мы, люди, и то не понимаем друг друга, а кое-кому вообще хочется разделить людей на низшие и высшие расы. Не удивительно, что понять сознание других форм жизни нам вообще будет крайне трудно.

По аналогии с «деревом жизни», эволюцию сознания можно изобразить в виде «дерева сознания», где корни дерева – это генетическая память, ствол — это память, ветви — инстинкты, листья – эмоции, цветы — мышление. Такое сравнение, конечно, аллегория, но она имеет довольно глубокий смысл. Во всяком случае, понятно, что все формы сознания как бы «произрастают» или «нарастают» из памяти и взаимосвязаны, хотя в какой-то степени функционировать могут независимо друг от друга.

Представим наши рассуждения в виде социологической модели сознания, то есть такой модели, которую можно просчитать методами социологии с помощью различных тестов, рис. 2. В дальнейшем будем называть эту модель социологической моделью сознания.

Основные формы сознания на модели изображены в виде цилиндрических слоёв, в порядке их возникновения, снизу вверх. Это в какой-то мере соответствует модели триединого мозга, предложенного Полем Мак-Лином. Р-комплекс мозга отвечает за инстинктивное восприятие окружающего мира, лимбическая система мозга – за эмоциональное восприятие, новая кора мозга – за логическое восприятие окружающего мира. Но основой сознания является память, поэтому в модели обязательно должен быть слой памяти, самый нижний слой, с него начинается сознание.

В рамках каждой формы сознания формируются различные виды сознания. В слое памяти формируются различные виды памяти. В слое инстинктивного восприятия – различные инстинкты. В частности, первые виды индивидуального и группового сознания возникли в слое инстинктивного восприятия, так как уже рыбы и насекомые различаются своим поведением: у одних оно индивидуальное, у других групповое. Но у человека эти виды сознания значительно глубже и сложнее: поднятые до уровня логического восприятия, это уже личностное и общественное сознание.

Различные эмоции формируются в слое эмоционального восприятия, но они влияют и на другие формы сознания. Например, на размышления, ведь творческая, интеллектуальная работа напрямую зависит от настроения. А влияние чувств и эмоций на инстинкт продолжения рода рождает такое понятие как любовь. В каком-то смысле любовь есть уже у животных. Абстрактное мышление человека ещё больше возвышает понятие любви. Для многих людей любовь вообще становится смыслом жизни. Хотя практически, человеческая любовь – это тот же инстинкт продолжения рода, но на уровне эмоционального и логического восприятия.

В слое логического восприятия сформировались различные виды мышления, основными из которых являются конкретное и абстрактное мышление. Конкретное мышление – это способность сознания к рассуждениям непосредственно связанным с реальной действительностью. Абстрактное мышление – это способность сознания к рассуждениям, оторванным от реальной действительности. Но в целом мозг человека работает как единое целое, поэтому различные виды мышления определяют не только логическое восприятие, но и влияют на другие формы и виды сознания.

Таким образом, любой вид или форма сознания влияют на работу других форм и видов, поэтому социологическая модель сознания имеет перекрестный вид: на модели основные формы сознания изображены в виде горизонтальных цилиндрических слоёв, а виды сознания представлены в виде вертикальных секторов, рис. 2.

Данная модель сознания может быть полезна с разных точек зрения. Во-первых, эту модель можно использовать как чисто социологическое средство для изучения и учета особенностей сознания отдельно взятого человека. Но для этого нам нужно расширить представления о сознании человека. Всем известный коэффициент интеллекта IQ в основном ориентирован на уровень развития только одной формы сознания – логического восприятия. И если у кого-то этот коэффициент окажется низким, то это отнюдь не означает, что он отсталый человек, ведь у него могут быть хорошо развиты другие формы сознания. Поэтому для оценки уровня развития других форм сознания нужно разработать аналогичные тесты. Шкалы этих тестов должны быть соизмеримы.

Рис. 2. Социологическая модель сознания вытекает из общей эволюции сознания, изображённой на рис.1, только конусная форма заменена цилиндрической. В дальнейшем, на рисунках этой модели некоторые надписи будут отсутствовать, но порядок основных форм сознания (слои) будет сохраняться. А из видов сознания (сектора), подписаны будут только те, которые несут информацию, конкретно полезную для данного рисунка.

Для оценки уровня развития эмоционального восприятия можно ввести коэффициент лиричности, инстинктивного восприятия – коэффициент наследственности, для оценки памяти – коэффициент памяти. Только сложив эти коэффициенты вместе, мы получим абсолютный коэффициент развития всего сознания в целом.... Приняв этот абсолютный коэффициент за 100%, и выразив остальные коэффициенты в процентах по отношению к абсолютному, мы можем определить относительный уровень развития каждой формы сознания. И только тогда можно сделать вывод об уровне развития сознания в целом. Одного коэффициента IQ для этого явно недостаточно. Таким способом сознание человека можно будет просчитать социологическими методами, значит получить более точное представление о способностях и возможностях каждого человека, причем без всяких экзаменов! В этом заключается одна из главных задач введения социологической модели сознания.

Во-вторых, данная модель может быть применима и к оценке сознания целых сообществ. Например, в Советском Союзе пытались реализовать такую модель, в которой многообразное сознание сводилось только к одному виду сознания – к общественному сознанию..., плюс другие виды в качестве пережитков прошлого,   рис. 3. Но чтобы этого добиться, ещё нужно было «выключить» все остальные формы и виды сознания, кроме памяти.... Чем закончилось это насилие над обществом, мы уже знаем.

Рис. 3.   Рис. 4.

Главное условие, которое должно выполняться при реализации таких искажённых, неестественных моделей общества – это взять под контроль все ненужные формы и виды сознания, то есть те виды, которые могут помешать достижению мифической цели, особенно это, относится к логическому восприятию.

Впрочем, капиталистическая модель общества не намного лучше. В ней всё многообразие сознания стремятся свести к двум видам:

конкретному мышлению и личностному сознанию, рис. 4. А всё многообразие жизни сводится к девизу: «Делай деньги», независимо от того, кто ты – врач, экономист, учитель…. Во всяком случае, в России именно такое представление о капиталистическом обществе. Чем это закончится, скоро узнаем.

В-третьих, данная модель указывает путь для создания математически просчитываемой модели сознания. Надо понимать так, что этот многослойный цилиндр (рис. 2.), бесконечен во всех направлениях и представляет собой модель бесконечного пространства сознания. Слои – это основные формы сознания, то есть глобальные формы восприятия (отражения) окружающего мира. В рамках каждой формы формируются виды сознания: в инстинктивном восприятии формируются различные инстинкты, в эмоциональном восприятии – чувства и эмоции, в логическом восприятии – виды мышления. Но сознание работает как единый комплекс, в котором все виды и формы взаимно пронизывают друг друга, образуя многомерное пространство сознания. То есть данная модель сознания – это многомерная модель. А само сознание по своей природе – это многомерное пространство сознания, которое можно описать, рассчитать методами многомерной математики.

Модель на рис. 2 нельзя рассматривать как трехмерную модель, пытаясь, виды и формы сознания связать с конкретными участками мозга, это невозможно. Пространство сознания – это реально существующее функциональное многомерное пространство. Именно поэтому сознание так сложно и непредсказуемо. Но, зацепившись за правильные представления о сознании, его можно будет моделировать и просчитывать…

Будущее человека

Любая теория, гипотеза что-то стоит и имеет право на существование только в том случае, если наряду с объяснением наблюдательных фактов, она что-то предсказывает. Какова же будет дальнейшая эволюция жизни на Земле в свете изложенных выше представлений?

Начнем с социологической модели сознания, рис. 2. Ясно, что эволюция сознания не закончилась, эволюция сознания будет продолжаться. Какой будет следующая форма сознания? На рис. 2 формы сознания изображены в виде слоев. Каким будет следующий слой сознания?

Чтобы разобраться в этом вопросе, вначале попробуем понять, как возникают эти слои. Например, как возникло и сформировалось *логическое восприятие?* Основой возникновения новой формы сознания могут быть только уже существующие формы, причем две последние, потому что ранее сформировавшиеся формы как бы уже встроены в них. То есть, память уже встроена в инстинктивное и *эмоциональное восприятие, и следующая форма сознания должна формироваться,* в основном, в результате взаимодействия двух последних форм.

Инстинктивное восприятие – это очень строгая форма сознания, которая однозначно задает реакцию живого организма на внешние факторы. *Эмоциональное восприятие,* наоборот, формирует свободное, непредсказуемое поведение. В результате взаимодействия эмоционального и инстинктивного восприятия возникает такая форма сознания, которая должна быть одновременно и строгой, и свободной – это мышление, то есть *логическое восприятие. Таким образом, логическое восприятие –* это такая форма сознания, которая объединяет в себе основные принципы двух предыдущих форм – эмоционального и инстинктивного восприятия.

Значит следующая форма сознания, которая возникнет у человека после *логического восприятия,* должна объединять свойства двух предыдущих – *логического и эмоционального восприятия.* Мышление – это способность строго воспринимать закономерности в мире событий. Чувства и эмоции – это способность свободно относиться к этим закономерностям. Значит, следующая форма сознания должна дать человеку возможность как бы чувствовать закономерности, предчувствовать их. И такая форма сознания у человека уже формируется – это *интуитивное восприятие.*

Если опираться на социологическую модель сознания, то в настоящее время между слоем логического восприятия и слоем эмоционального восприятия возникает новый слой – интуитивное восприятие, рис. 5. У одних людей этот слой уже развит достаточно хорошо, у других его еще фактически нет. Но пройдут тысячи лет, и когда формирование этого слоя завершится, то социологическая модель примет вид, изображенный на рис. 6. Это социологическая модель сознания человека будущего!

Интуиция позволяет воспринимать закономерности окружающего мира как бы на инстинктивном уровне. Человек будущего будет иметь мощные интуитивные возможности.

Интуиция по своим возможностям похожа на телепатию. С развитием интуиции, постепенно изменится речь человека, потому что многое не нужно будет объяснять, так как мы будем это чувствовать и предчувствовать, понимать по поведению, взгляду, прикосновению. Многие законы и закономерности окружающего мира будут уже встроены в наше сознание, их не нужно будет доказывать, они уже будут в нас. В дальнейшем, в связи с формированием новой формы сознания, постепенно изменится поведение и внешний вид человека.

Рис. 5.   Рис. 6.

Скорее всего, возникновение современной науки и научно технический прогресс стал возможен благодаря формированию у человека именно интуитивного восприятия. Наличие мышления – это хорошо, наличие абстрактного мышления, то есть умения абстрагировать – это еще лучше, но это только необходимое условие научно технического прогресса. Наличие интуиции – это уже достаточное условие. Движение науки и техники вперед идет за счёт тех людей, у кого начало формироваться интуитивное восприятие окружающего мира. Без интуиции невозможно никакое новое открытие!

Непонимание факта формирования интуитивного восприятия у человека ведет к возникновению различных спекуляций вокруг интуиции. На этом непонимании спекулируют все: знахари и экстрасенсы, колдуны и астрологи, в эту вакханалию втянуты средства массовой информации, иногда власть и даже наука. Успокойтесь все, просто у человека формируется новая форма сознания – интуитивное восприятие, это нормальный процесс, ничего сверхъестественного в этом нет. Просто возможности интуитивного восприятия нужно изучать и учиться применять, а не спекулировать на этом.

Поскольку эволюция живого организма невозможна без эволюции сознания, оценим эволюцию живых существ с этой позиции. Лучше всего это сделать для человека, так как о сознании человека мы кое-что знаем, а сознание других животных изучено очень плохо.

Десятки миллионов лет назад возник вид «обезьяны», разнообразие их увеличивалось, и через какое-то время возникли человекообразные обезьяны, а 10 – 20 миллионов лет назад появились гоминиды. Обезьяны – это обыкновенные животные, поведение которых определяется инстинктами и эмоциональным восприятием. У человекообразных обезьян есть зачатки примитивного мышления, но оно им не нужно, их вполне устраивает существование на уровне чувств и эмоций. Гоминиды – это человекообразные обезьяны, у которых достаточно хорошо развит мозг и есть зачатки мышления. Несколько миллионов лет назад на нашей планете уже было несколько видов гоминидов. Используя преимущество, которое дает мышление, гоминиды активно расширяют пространство своей жизнедеятельности, осваивают и завоёвывают все большие территории.

Природа так устроена, что основными конкурентами биологического вида являются наиболее близкие, «родственные» виды, так как они стремятся занять ту же территорию, питаются той же пищей и т. д. Поэтому, осваивая жизненное пространство, гоминиды, прежде всего, конкурируют и уничтожают более слабые виды гоминидов или ассимилируются с ними. В результате 2 – 3 миллиона лет назад на Земле остался только один вид гоминидов – Homo Sapiens, самый сильный, умный и приспособленный к жизни в разных условиях. Все остальные виды гоминидов и просто человекообразных обезьян, которые претендовали на наличие разума, были уничтожены или ассимилировались. Между человеком и другими животными образовался интеллектуальный разрыв. В науке его называют «скачком», но на самом деле никакого скачка не было, была нормальная эволюция видов.

Считается, что после этого скачка человек стал существом социальным и человечество начало развиваться по социальным законам, но на самом деле это не совсем так. Человек действительно стал существом социальным, но он остался и биологическим существом. Это означает, что природа последние миллионы лет на биологическом уровне пытается создать несколько подвидов Homo Sapiens. Пока ничего у нее не получается, так как мы, люди, не понимаем это и на социальном уровне просто уничтожаем любые попытки отклонения от нормы, пока уничтожаем. Но биологическое первично, социальное вторично, поэтому нам стоит всерьез задуматься над этой проблемой.

Что будет, если бы дальнейшая эволюция вида Homo Sapiens происходила бы только по законам биологического отбора? Вначале должно произойти внутривидовое расслоение по уровню развития сознания, затем начнутся постепенные изменения в организме.... Хотим мы этого или не хотим, понимаем мы это или не понимаем, признаем или не признаем, но расслоение по уровню развития сознания существует.

Для ясности изобразим сознание различных групп людей на социологических моделях. Хорошо развитое и доминирующее логическое восприятие имеет не больше третьей части людей, рис. 7. Это люди, которые жизненно важные решения принимают на основе рассудка, логики. Еще третья часть людей тоже имеет неплохо развитое логическое восприятие, но всё же у них доминирует эмоциональное восприятие, рис. 8. Это люди, которые часть жизненно важных решений принимают на основе рассудка, но часто они принимают решения просто на основе эмоций и чувств. Приблизительно третья часть людей имеет очень слабое, находящееся в процессе формирования, мышление, а своё поведение эти люди строят на базе эмоционального восприятия, рис. 9.

Причём, несмотря на все попытки ликвидировать эти различия за счет системы образования и воспитания, реально эти различия возрастают. Потому что далеко не все люди стремятся развивать свой интеллект, более того, многих, если не большинство, вообще устраивает жизнь на уровне эмоционального восприятия, то есть многие люди готовы «заморозить» свою эволюцию на уровне эмоционального восприятия, рис. 9. Как это ни странно, но этому способствует и так называемая массовая культура, которая все достижения технического прогресса часто использует только для развития низменных чувств и эмоций.

Но ни технический прогресс, ни, тем более, эволюцию человека, остановить невозможно. И среди нас есть люди, которые продвинулись далеко вперед по эволюционной лестнице. Их сознание уже имеет неплохо развитую интуицию, рис. 10. А через тысячи или десятки тысяч лет появятся люди с хорошо развитым интуитивным восприятием окружающего мира, рис. 11.

Рис. 7.   Рис. 8.   Рис. 9.

На рисунках 7 – 11 представлены социологические модели сознания подвидов Homo Sapiens, которые пытается сотворить природа в соответствии с законами биологической эволюции. По порядку их возникновения, это такие подвиды: среди нас есть люди, которые в своем развитии затормозились на уровне эмоционального восприятия, мышление у них есть, но оно только в стадии первоначального формирования, рис. 9. Есть люди, у которых мышление достигло уровня логического восприятия, но оно у них еще слабое, рис. 8. Есть люди с хорошо развитым логическим восприятием, рис. 7. Среди нас уже появились люди, у которых начала формироваться интуиция, но эта форма сознания находится еще в зачаточном состоянии, рис. 10. Наконец, в будущем природа планирует создать новый вид человека – человека интуитивного, рис. 11. Что вполне естественно, ведь согласно законам биологической эволюции, чем больше разнообразие вида, тем больше вероятность его выживания. Именно поэтому биологическая эволюция идет по пути увеличения разнообразия…

К сожалению, история социального периода развития человека сводится к тому, чтобы ликвидировать многообразие вида Homo Sapiens и заменить его однообразием, более того, жестким однообразием, что вообще грозит выживанию вида. Это совершенно противоположная тенденция по сравнению с биологической эволюцией, и об этом свидетельствует множество фактов, начиная с того, что история человечества – это история его войн, и заканчивая современной системой образования, которая тоже хочет сделать всех одинаковыми. Но не получается, потому что основой живого является биологическое, то есть в природе человека биологическое тоже первично, а социальное вторично, и мы, в конце концов, должны это понять и принять.

Рис. 10.   Рис. 11.

Между социальным и биологическим существует противоречие. У человека, как биологического вида, это противоречие достигло такого уровня, который требует разрешения этого противоречия, иначе это грозит выживанию не только вида Homo Sapiens, но и многих других видов животных. Если мы поймем это и в дальнейшем научимся согласовывать социальное развитие с биологической эволюцией, то выживем как биологический вид. Если не поймем, то просто вымрем, и за собой потянем многие виды животных. Но это не остановит эволюцию живой материи, эволюция живой материи будет продолжаться, хотя и без нас, к сожалению.

Иначе говоря, если в дальнейшем мы согласимся, что биологическое первично, и допустим эволюционное формирование различных видов гоминидов, то эволюция человекообразных продолжится. Если же победит социальный подход, то есть мы упорно будем бороться за существование только одной ветви гоминидов – Homo Sapiens, то это прямой путь в эволюционный тупик. В этом случае, с точки зрения эволюции видов, мы рано или поздно просто вымрем…, от рака, СПИДа или от какой-либо другой напасти.

Исходя из всего выше изложенного, можно сделать вывод, что вид Homo Sapiens, как биологический вид, находится в стадии своего формирования. Что касается термина «человек разумный», то это скорее бесконечный предел, к которому нам нужно стремиться, проходя в будущем различные стадии развития. Боюсь, до разумности нам далеко, пока нам ближе стадия «человек социальный». В любом сформировавшемся биологическом виде особи не уничтожают себе подобных. В биологическом виде обладающим разумом это условие обязательно должно выполняться. Вот перестанем уничтожать непосредственно друг друга, или опосредованно через уничтожение окружающей среды, тогда и станем разумными – это необходимый критерий разумности. Но есть ещё достаточный критерий. В масштабах десятилетий и столетий развитие человека ещё можно считать социальным, но в масштабах тысячелетий человек развивается как биологический вид – понимание этого и есть достаточный критерий разумности.

Понять это и, особенно, принять это – очень трудный шаг. Действительно, как это понимать, что вид Homo Sapiens имеет тенденцию к разделению на подвиды, различающиеся уровнем развития сознания (рисунки 7 – 11)? Многие воспримут это просто как доказательство существования высших и низших рас человека, с соответствующими политическими последствиями. Одни постараются утвердить такое разделение, другие – не допустить, причём всё это будет происходить не на научном, а, скорее всего, на политическом уровне. Представляете, что может начаться, если мы не поймём что это нормальный эволюционный процесс, очень медленный, результаты которого проявятся через тысячелетия? Ну и что тут такого, если одних людей устраивает жизнь на уровне эмоционального восприятия, других – на уровне логического восприятия, остальные продолжат эволюцию дальше. С точки зрения эволюции видов – это нормальный процесс. И мы должны понять и согласиться с этим, хотя это будет трудно.

Среди нормальных, здоровых людей всегда были и есть люди с разным сознанием и уровнем развития сознания, несмотря на то, что общество всячески стремится не допустить этого. И мы видим и знаем это, но мировоззрение и общественное мнение не позволяют нам говорить об этом, признать этот факт. На социальном уровне об этом не принято говорить, на социальном уровне мы сами себе придумали сказку о равных возможностях.

Но социальное вторично, биологическое первично, и хотим мы этого или не хотим, а на биологическом уровне природа создаёт различные виды человека, и мы должны понять это и принять. Так будет лучше для всех. Думаю, мы станем меньше воевать и даже ссориться. В обществе станет меньше насилия. В частности, образование перестанет быть системой насилия над сознанием человека. В обществе станет больше правды обо всём и обо всех.

Заключение

Если мы изменим и расширим представления о сознании, то тем самым расширим диапазон восприятия разумности. Поясню, что это такое.

В средние века, когда европейцы вначале в Африке, а потом в Америке встретили, соответственно, африканцев и индейцев, то европейцы просто не воспринимали их в качестве людей. Диапазон восприятия разумности в те времена был крайне узок, и европейцы смотрели на представителей новых народов, как на дикарей. Именно по этой причине стало возможно такое явление, как работорговля…

Даже в настоящее время диапазон восприятия разумности у различных людей не так широк, как нам хочется. Негров стали считать полноценными людьми не так уж давно. Во многих арабских странах можно наблюдать довольно унизительное отношение к женщинам. А как многие относятся к евреям? А как чеченцы относятся к другим народам, если воровство людей и превращение их в рабов для них нормальное явление? Все эти примеры следствие того, что у отдельных людей, а иногда и целых народов крайне узок диапазон восприятия разумности. Попросту говоря, некоторые люди себя считают очень умными, а остальных глупцами.

Если наука докажет, что признаками ума обладает не только человек, но и представители других видов жизни, то постепенно в будущем это изменит отношения не только между людьми, но и отношение к другим видам жизни, вообще к окружающей среде. Без этого мы никогда не поймём, что, загрязняя окружающую среду, уничтожая различные формы жизни, мы уничтожаем самих себя, и будущего у нас нет.

Литература

Создание данной программной работы «Эволюция сознания» потребовало прочтения большого количества литературы. Ниже приводится список только той литературы, которая связана с проблемой сознания и из которой делались выписки идей и мыслей, которые помогли развить сознание автора до нужного уровня и, в конечном итоге, написать данную работу. Но в работе «Эволюция сознания» нет ссылок на данную литературу, поскольку эта литература не имеет прямого отношения к работе, за исключением одной идеи – это модель триединого мозга, на что в работе имеется соответствующая ссылка.

Необходимо подчеркнуть огромную роль научной фантастики и футурологической литературы, которые сыграли очень большое значение для формирования и развития сознания автора. Без работ С. Лема и братьев Аркадия и Бориса Стругацких, работа «Эволюция сознания» могла бы вообще не появиться на свет.

1. Сайт: www. nektosha.euro.ru, 23.07.2000 г.
2. А. Е. Меньчуков. Сокровищам Земли надёжную охрану, «Недра», 1977.
3. Б. Г. Кузнецов. Современная философия и наука, «Политиздат», 1981.
4. Диалоги о воспитании. Под редакцией В. Н. Столетова, «Педагогика», 1979.
5. Ф. Энгельс. Анти-Дюринг, «Политиздат»,1977.
6. В. Мезенцев. В лабиринтах живой природы, «Московский рабочий», 1979.
7. И. С. Кон. Открытие «Я», «Политиздат», 1978.
8. А. И. Титаренко. Антиидеи, «Политиздат», 1976.
9. Сборник. Диалектическое противоречие, «Политиздат», 1979.
10. Разум побеждает: рассказывают учёные, «Политиздат», 1979.
11. Тайны веков, «Молодая гвардия», 1980.
12. В. И. Ленин о профсоюзах, «Политиздат», 1973
13. Б. Д. Парыгин. Научно-техническая революция и личность, «Политиздат», 1978.
14. Н. Сладков. За пером синей птицы, «Детская литература», 1980.
15. Диалоги; общество, человек, Земля и космос, «Политиздат», 1979.

16. Социалистический образ жизни и новый человек, «Политиздат», 1978.
17. А. А. Андреев. Место искусства в познании мира, «Политиздат», 1980.
18. А. Вечер-Щербович. Похождения «здравого смысла, «Молодая гвардия», 1981.
19. И. С. Кон. Дружба, «Политиздат», 1980.
20. И. Т. Фролов. Перспективы человека, «Политиздат», 1979.
21. А. В. Петровский. Личность. Деятельность. Коллектив, «Политиздат», 1982.
22. М. В. Иголкин. История и компромиссы, «Вопросы Философии», 1983, №8.
23. П. В. Алексеев. Наука и мировоззрение, «Политиздат», 1983.
24. С. Штрбанова. Кто мы? «Прогресс», 1984.
25. Н. А. Амосов. Книга о счастье и несчастьях, «Молодая гвардия», 1984.
26. В. П. Алексеев. Становление человечества, «Политиздат», 1984.
27. Виктор Шеффер. Год кита, «Гидрометеоиздат», 1981.
28. И. Н. Давидан, Л. И. Лопатухин. На встречу со штормами, «Гидрометеоиздат»,1982.
29. В. И. Ленин. Философские тетради, «Политиздат», 1978.
30. Гегель. Философия религии, т. 2, «Мысль», 1977.
31. Гегель. Энциклопедия философских наук, т. 3, «Мысль», 1977.
32. В. Т. Бахур. Это неповторимое «Я», «Знание», 1986.
33. А. Стругацкий, Б, Стругацкий. Хромая судьба, «Нева», 1986.
34. Роман Арбитман. Сквозь призму грядущего, «Знание», 1985.
35. Карл Саган. Драконы Эдема, «Знание», 1986.
36. В. Н. Демин. Основной принцип материализма, «Политиздат», 1983.
37. Н. Бердяев. Истоки и смысл русского коммунизма, «Юность», 1989, №11.
38. Л. П. Гриман. Резервы человеческой психики, «Политиздат», 1989.
39. Л. Лиходеев.Поле брани, на котором не было раненых, «Дружба народов»,1989,№ 11
40. Ф. Блум, А. Аейзерсон, Л. Хофстедтер. Мозг, разум и поведение, «Мир», 1988.
41. М. Арбиб. Метафорический мозг, «Мир», 1976.
42. Пьер Тейяр де Шарден. Феномен человека, «Наука», 1987.

43. И. Л. Андреев. Происхождение человека и общества, «Мысль», 1988.

44. Станислав Лем. «Голос неба», 1967.

45. Дж. Мейнард Смит. Эволюция полового размножения, «Мир», 1981.

46. Ф. Энгельс. Происхождение семьи, частной собственности и государства, «Политиздат», 1980.

47. Рабочая книга социолога. Под ред. Г. В. Осипова, «Наука», 1977.

48. Я. Ладик. Квантовая биохимия для химиков и биологов, «Мир», 1975.

49. Т. Кун. Структура научных революций, «Прогресс», 1977.

50. И. Хофман. Активная память, «Прогресс», 1986.

51. И. Т. Фролов. О человеке и гуманизме, «Политиздат», 1989.

52. Диалектика отрицания отрицания, «Политиздат», 1983.

53. М. Голдстейн, И. М. Голдстейн. Как мы познаём, «Знание», 1984.

54. И. Т. Фролов, Б. Г. Юдин. Этика науки, «Политиздат», 1986.

55. Т. М. Ярошевский. Размышления о человеке, «Политиздат», 1984.

56. А. Т. Улугбеков. Богатства внеземных ресурсов, «Знание», 1984.

57. Журналы «Вопросы философии» за 1980 – 1994 г. г.

58. Журналы «Социологические исследования» за 1989 – 1993 г. г.

59. Журналы «Философия» серии «Знание» за 1982 – 1988 г. г.

Мурашкин В.В.

Некоторые особенности сознания человека

Аннотация

В данной статье развиваются идеи, изложенные в работе «Эволюция сознания» [1, 2]. Основная цель статьи – поиск количественных методов изучения сознания за счёт геометризации представлений о сознании.

При чтении работы «Эволюция сознания» невольно возникает вопрос: «А зачем это нужно?». Данная статья дает ответ на этот вопрос. Чтобы выйти на количественные методы изучения сознания необходимо изменить взгляды на природу сознания. Да, это вопрос, затрагивающий основы мировоззрения, значит, всё будет не так просто. Но мы же должны двигаться вперёд…

Оглавление

Введение

В работе «Эволюция сознания» [1, 2] предлагается расширить и изменить некоторые представления о сознании. Казалось бы это не так важно, что это всего-навсего вопрос терминологии. Приняли, так сложилось исторически, что сознанием обладает только человек, всё остальное психика и нервная деятельность, ну и пусть будет так. Какая разница, в рамках какой терминологии будет решаться вопрос о сознании? Но разница есть, более того, на самом деле это очень важный вопрос. При таком узком подходе, что сознанием обладает только человек, мы можем упустить и не понять многие общие закономерности сознания. При таком узком подходе мы вообще никогда не перейдём от качественных методов изучения сознания к количественным методам.

Приведу аналогию из физики. Восприятие видимого света в виде спектра разных цветов, синий, зелёный, красный и т. д. — это качественное восприятие электромагнитного излучения, причём, в очень узком диапазоне. Если бы мы попытались перейти к количественным методам изучения света только на основе наблюдения различных цветов света, то это было бы крайне трудной задачей. Возможно, вообще неразрешимой задачей. Открытие других видов излучения, инфракрасного, ультрафиолетового и т. д., и обобщение знаний до существования электромагнитной шкалы излучений, позволило перейти к количественным методам изучения не только видимого света, но и других видов электромагнитного излучения.

Методологически в вопросе о сознании всё обстоит примерно так же. Узкий подход к вопросу о сознании, когда считается, что сознанием обладает только человек, не позволяет взглянуть на проблему сознания шире, не позволяет увидеть закономерности и перейти к количественным методам изучения сознания. Расширение представлений о сознании, изменение подхода к вопросу изучения сознания, позволит перейти к количественным методам изучения сознания, что и предлагается в данной работе.

1. Эволюционное рассеяние сознания

Даже если предположить, что человек произошёл от одного вида гоминидов, то в дальнейшем, попадая в различные географические и климатические условия, эволюция сознания человека шла с различной скоростью. В хороших условиях существования эволюция шла тихо и размеренно. Для выживания в трудных условиях человек вынужден постоянно что-то придумывать, например, одежду из шкур зверей, каменные ножи, и эволюция сознания шла быстрее. За миллионы лет эти различия в сознании должны закрепляться на генетическом уровне, и мы должны наблюдать эволюционное рассеяние сознания человека. То есть сознание различных людей отличается по уровню развития, и эти различия, по крайней мере, частично, должны быть закреплены на генетическом уровне.

Но в далёком прошлом существовало несколько видов гоминидов, из которых мог сформироваться вид Homo sapiens. Эти виды гоминидов изначально находились на различном уровне развития. И, скорее всего, процесс формирования вида Homo sapiens шёл за счёт противоборства или ассимиляции нескольких видов гоминидов. Поэтому различия по уровню развития сознания были изначально. И в дальнейшем, в эволюции сознания наблюдались две важнейшие тенденции. С одной стороны, в результате ассимиляции племён и народов было стремление ликвидировать эти различия. С другой стороны, уединяясь, племена и народы стремились сохранить эти различия. Поэтому у вида Homo Sapiens различия по уровню развития сознания сохранились и существуют.

Об этом свидетельствует и эпоха великих географических открытий. В Африке, Америке, Австралии жили и живут народы и племена, которые на десятки тысяч лет отстают по уровню своего развития от народов Европы, подчёркиваю, отстают по уровню развития своего сознания, а не по уровню благополучия, культуры. Это свидетельствует о том, что эволюционное рассеяние сознания достигает нескольких десятков тысяч лет.

Кроме того, механизм генетической наследственности тоже постоянно даёт мутации, которые влияют на уровень развития сознания. Значит, в результате мутаций тоже происходит эволюционное рассеяние уровня развития сознания. В конечном итоге эволюционное рассеяние сознания может стать настолько большим, что в рамках одного биологического вида человека начнут постепенно формироваться биологические подвиды человека. А если феномен сознания рассматривать в широком смысле, как это предлагается в работе «Эволюция сознания»[1], то формирование биологических подвидов в целом начинается за счёт различий в сознании, и только позже возникают и закрепляются физиологические различия, вначале между биологическими подвидами, позже – между биологическими видами.

Оценим, на какие формы и виды сознания может влиять эволюционное рассеяние сознания человека. За основу возьмём геометрическую социологическую модель сознания[1]. Генетическая память и инстинктивное восприятие возникли и формировались на самых ранних этапах эволюции жизни, поэтому по уровню развития эти формы сознания у всех людей примерно одинаковы. Эмоциональное восприятие человека тоже начало формироваться давно, ещё, когда человек был обыкновенным животным. Этот период насчитывает, по крайней мере, десятки миллионов лет. Поэтому эмоциональное восприятие у всех людей развито достаточно хорошо, и по уровню развития эмоционального восприятия все люди тоже примерно одинаковы.

Первые зачатки мышления, то есть первые виды логического восприятия, у гоминидов начали формироваться давно, видимо, 10 – 20 миллионов лет назад. Об этом свидетельствует и тот факт, что зачатки мышления есть у некоторых животных. И когда несколько миллионов лет назад биологический вид человека окончательно оформился, то предки человека отличались от других видов животных наличием конкретного мышления и логической памяти. Поэтому эволюция этих видов логического восприятия может составлять несколько миллионов лет. На этом фоне эволюционное рассеяние в промежуток несколько десятков тысяч лет выглядит незначительным. И, довольно уверенно можно считать, что конкретное мышление и логическая память, связанная с этим видом мышления, у всех людей тоже развиты хорошо и по этим показателям все мы тоже примерно одинаковы.

Наблюдая за развитием сознания детей в процессе их обучения, можно констатировать, что люди сильно отличаются друг от друга по уровню развития абстрактного мышления и воображения. Это наблюдательный факт: среди людей довольно много таких, у кого практически полностью отсутствует абстрактное мышление и довольно слабая логическая память, связанная с этим видом мышления. Значит, абстрактное мышление – это как раз тот вид логического восприятия, который начал формироваться у людей сравнительно недавно, всего несколько десятков тысяч лет назад. Именно поэтому абстрактное мышление у различных людей сильно отличается. У некоторых людей абстрактное мышление только начинает формироваться, у некоторых оно довольно развито, а у некоторых абстрактное мышление развито очень сильно и начинает формироваться новая форма сознания, предположительно, интуитивное восприятие.

Иначе говоря, по уровню развития сознания, некоторые люди находятся в каменном веке. Некоторые могли бы послушно строить пирамиды в древнем Египте. Основная же масса людей живёт в настоящей исторической эпохе. А некоторые живут уже в будущем. Это наводит на мысль, что сознание человека можно оценивать по шкале исторического времени. За начало отчёта можно взять эпоху, когда у человека начало формироваться абстрактное мышление, это приблизительно 50 - 100 тысяч лет назад. За единицу отчёта можно взять тысячелетие, и мы получим шкалу оценки уровня развития абстрактного мышления. Или интеллекта, потому что интеллект современного человека напрямую зависит именно от умения абстрагировать. Такая шкала будет начинаться с нуля, и доходить приблизительно до 50 – 100 единиц.

Что напоминает принятую во многих странах мира шкалу коэффициента интеллекта **IQ**. Эта шкала тоже содержит около 70 – 100 единиц, но только в диапазоне от 70 до 140 – 160 единиц. Поэтому не стоит придумывать новую шкалу, а лучше разобраться со смыслом старой. Тем более, если посмотреть вопросы тестов для определения коэффициента IQ, то в основном, они как раз и проверяют уровень развития абстрактного мышления.

Придавая всем людям, начальное значение коэффициента IQ равное 72,5, мы тем самым признаём факт, что человек уже прошёл по эволюционной лестнице большой путь, и у него хорошо развиты многие формы и виды сознания. В частности, у всех людей уже есть конкретное мышление, и они по достоинству называются разумными существами.

Если у человека коэффициент IQ составляет 75 – 85 единиц, то это означает, что абстрактное мышление у такого человека только начинает формироваться. Что эволюционно он отстаёт от среднего уровня развития людей на несколько десятков тысяч лет, и преодолеть это отставание за счёт воспитания и образования невозможно. Если коэффициент IQ составляет 90 – 110 единиц, это означает, что сознание такого человека соответствует среднему уровню развития людей, что он живёт в своей эпохе. Если коэффициент IQ превышает 120 – 130 единиц, это означает, что такой человек по своему развитию опережает средние массы людей. Это уже творческий человек, который может работать с опережением, на будущее.

Таким образом, коэффициент IQ – это не просто какой-то абстрактный коэффициент для оценки интеллекта. Он имеет глубокий эволюционный смысл. Сознание людей имеет эволюционное рассеяние в пределах нескольких десятков тысяч лет. И коэффициент интеллекта IQ показывает, какое место на эволюционной лестнице занимает каждый конкретный человек в пределах этого эволюционного рассеяния сознания.

2. Геометризация сознания

В работе «Эволюция сознания» [1, 2] предложена геометрическая социологическая модель сознания. Модель сложная, и для её математического описания будет не так-то просто подобрать соответствующий математический аппарат. Для начала нужно найти более простой, то есть упрощённый, путь математизации представлений о сознании.

Попробуем оценить информационные возможности сознания человека, впрочем, не только человека. Мозг – это орган живого организма, который предназначен для обработки информации. Сознание – это многоцелевая функция мозга, с помощью которой обрабатывается информация. Поэтому будем оценивать возможности мозга любого живого существа, а не только человека. В первом приближении, возможности обработки любой информации зависят от её количества и скорости обработки. Значит, информационные возможности мозга и сознания, тоже зависят от двух важнейших факторов: от количества информации и скорости её обработки. Ничего нового здесь нет. Мощность компьютера тоже определяется подобными параметрами: памятью компьютера и частотой работы процессора.

Вполне возможно, что некоторые информационные возможности сознания можно оценивать в тех же единицах информации, что и работу компьютера, то есть в байтах. Но, скорее всего, это не очень удобно, так как работа сознания делится на две части: осознанную и подсознательную. Подсознательно обрабатывается громадное количество информации, и эту информацию, видимо, можно измерять байтами. Но с практической точки зрения гораздо важнее информация, которая обрабатывается осознанно. Гипотетически можно предположить, что методы обработки информации на подсознательном уровне похожи на методы обработки информации компьютером. То есть, на подсознательном уровне, один нервный импульс – это 1 бит информации. Видимо, на подсознательном уровне постоянно и непрерывно создаются неполные образы, назовём их виртуальными образами, осознанно мы их не воспринимаем. Когда же на подсознательном уровне складывается конкретный образ, то этот образ уже может нами восприниматься на сознательном уровне. То есть на сознательном (осознанном) уровне информация обрабатывается образами, в самом широком понимании этого слова. Но такое возможно только в том случае, если сознание обладает способностью обрабатывать информацию интегрировано. То есть, в компьютере один электрический сигнал – это 1 бит информации, и всё, а нервный импульс живого организма может представлять собой пучок информации со сложным спектром, несущий сразу тысячи и миллионы бит информации. И, видимо, сознание живого организма способно формировать такие сложные сигналы, а нервная система организма способна передавать и воспринимать эти интегрированные сигналы. Причём, чем более высоко развито живое существо, тем больше его возможности по интегрированной обработке информации.

Примером интегрированной обработки информации может служить зрение. Информация от отдельных клеток сетчатки глаза на подсознательном уровне собирается, интегрируется, а на осознанном уровне у человека формируется зрительный образ. Но так обрабатывается не только зрительная информация, но и любая другая информация.

Если такое предположение верно, то за единицу измерения информации сознания можно принять «один образ». «1 образ» - это может быть образ запаха, зрительный образ, образ буквы, образ атома, образ человека, образ Вселенной, даже любая мысль человека является образом. Понятно, что на создание различных образов, на подсознательном уровне нужно различное количество информации, времени, физических и биологических ресурсов мозга. Но с практической точки зрения то, что происходит на подсознательном уровне не так важно, главное то, что происходит на осознанном уровне. А на осознанном уровне понятие «образа» можно использовать для количественной оценки информационных возможностей сознания.

Таким образом, количественно информационные возможности сознания зависят от трёх важнейших параметров:

1. От количества информации, то есть от количества образов хранящихся в сознании.
2. От скорости обработки информации, то есть от скорости создания и замены образов. Иначе говоря, от частоты замены образов.
3. От способности интегрировать информацию в образы, то есть от величины образов и скорости их интеграции.

Второй параметр, а именно, частота замены образов, зависит от скорости передачи нервных импульсов. А эта скорость зависит в основном от размеров живых существ, поэтому если рассматривать живые существа соизмеримые по размеру с человеком, то для них, в том числе для людей, второй параметр не будет играть существенной роли.

Для геометризации информационных возможностей сознания живых существ, близких по размеру к человеку, особое значение имеют первый и третий параметры, то есть количество информации и способность интегрировать эту информацию. Иначе говоря, количество образов и величина образов. Эти параметры у живых существ могут очень сильно отличаться.

Графически это изображено на рис. 1. Например, пресмыкающиеся могут обрабатывать небольшое количество относительно небольших образов. Млекопитающие – больше образов, причём образов значительно большей величины. Человек – ещё больше образов, и каждый образ будет интегрировать ещё большее количество информации.

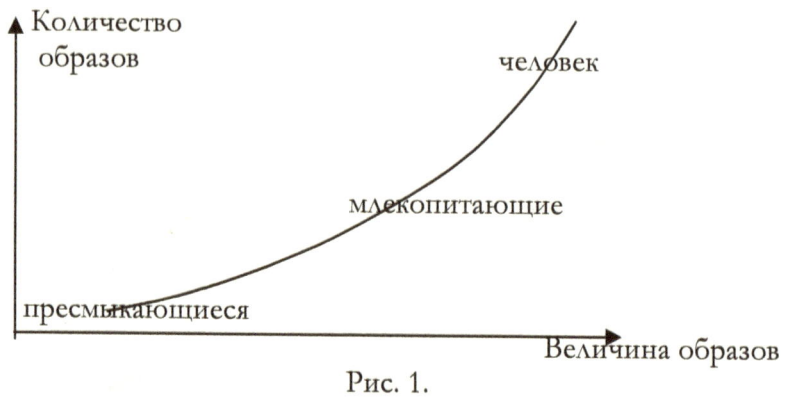

Рис. 1.

Такой подход применим как для оценки сознания различных видов животных (рис. 1), так и для оценки сознания отдельных индивидов. Количество образов, которое может содержать сознание, в первом приближении мы идентифицируем с понятием памяти. То есть, условно можно считать, что по оси Оу откладывается величина памяти. Величина образов показывает способность сознания воспринимать интегрированные образы. На практике, в психологии мы идентифицируем это с различными способами восприятия окружающей действительности, например, инстинктивное восприятие, эмоциональное и чувственное восприятие, логическое восприятие. То есть по оси Ох под величиной образов можно понимать различные виды восприятия, рис. 2.

Сознание эволюционно, поэтому сознание более продвинутых форм жизни способно перерабатывать большее количество образов большей величины. Причём сознание любых видов животных имеет максимум на определённой величине образов. Это происходит по двум причинам.

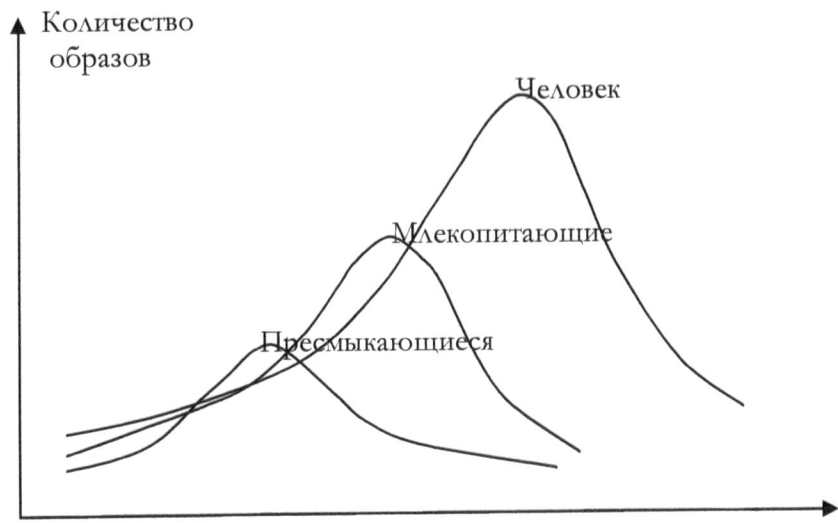

Рис. 2.

У любого вида животных есть тенденция формирования следующей новой формы сознания, которая способна интегрировать большее количество информации. Но пока формирование новой формы сознания находится в зачаточном состоянии, сознание может обрабатывать незначительное количество очень больших образов. Поэтому правая часть графика уходит вниз, и график информационных возможностей сознания будет иметь вид волны.

Поскольку такая волна похожа на распределение Гаусса, то такая форма волны может быть объяснена резонансом. Инстинктивное восприятие работает с образами небольшой величины, эмоциональное восприятие – с образами большей величины, логическое восприятие может формировать образы ещё большей величины. Но поскольку сознание работает как единое целое, то при какой-то величине образов обязательно будет резонанс. И на резонансной величине образов сознание способно перерабатывать наибольшее количество образов (информации).

Максимальное количество перерабатываемой информации у людей приходится на эмоциональное и логическое восприятие. То есть максимальное количество образов, резонансная величина образов и максимум графика, для людей лежит в районе между эмоциональным и логическим восприятием. Конечно, у разных людей этот график будет разным. У одних максимум может быть больше, у других – меньше. У одних людей график в районе максимума может быть с ярко выраженным максимумом, что свидетельствует об особых способностях в какой-то узкой области знаний. У других график может быть пологим, что свидетельствует о способностях во многих сферах деятельности, рис. 3.

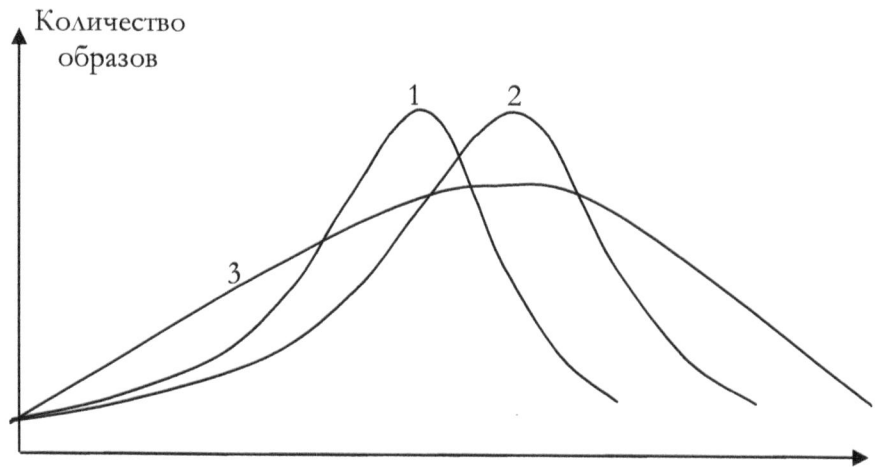

Рис. 3.

Из-за эволюционного рассеяния сознания максимум графика может смещаться вдоль оси Ox. У одних людей максимум может находиться в области эмоционального восприятия, у других – в области логического восприятия, на рис. 3 это линии 1 и 2 соответственно. У большинства людей максимум находится в районе границы между эмоциональным и логическим восприятием, смещаясь вдоль оси Ox между некоторыми крайними положениями. На рисунке 3 эти крайние положения показаны линиями 1 и 2.

Например, у многих людей резонансная величина образов находится в области эмоционального восприятия (на рис. 3 линия 1). Такие люди живут в мире чувств и эмоций, живут по традициям, чаще принимают решения на уровне эмоций. Это люди, часто придерживающиеся религиозного мировоззрения, вероятно, таких людей до 90%. У оставшихся 10% людей резонансная величина образов лежит на границе эмоционального и логического восприятия. Эти люди гораздо чаще принимают логически обоснованные решения. Но и у них эмоциональное восприятие играет большую роль в жизни. Людей, у которых резонансная величина образов находится в области логического восприятия, не так много. Скорее всего, их доли процента (на рис. 3 линия 2). Но эти люди способны почти полностью контролировать своё сознание и поведение. И самое главное, у таких людей уже достаточно хорошо развито интуитивное восприятие, и они могут успешно вести поиск действительно новых идей и открытий.

Люди, у которых график сознания представляет собой пологую линию (на рис. 3 линия 3), имеют широкий спектр способностей. И если максимум графика высокий, то такие люди могут проявлять свои способности в различных сферах деятельности, и в науке, и в искусстве, и в бизнесе. К тому же эти люди, как правило, очень исполнительны и послушны, поэтому они часто делают неплохую карьеру по службе. Но маловероятно, что такие люди способны делать великие открытия. Потому что у таких людей очень хорошие все виды памяти и в период обучения в школе, в университете они привыкают в своей деятельности опираться не на творческие способности, а на память.

Согласно социологической модели сознания [1, 2], каждой основной форме сознания соответствует аналогичная форма памяти. То есть память составляет часть сознания. В частности, эмоциональная память составляет часть эмоционального восприятия, логическая память — часть логического восприятия и т. д. Возможности всего сознания, за счёт подсознания, значительно больше и шире возможностей памяти. На рис. 4 это верхняя кривая. Если сравнить работу мозга с работой компьютера, то главные части «мозга» компьютера — это память и процессор. У человека память выполняет функции сходные с памятью компьютера, а функции процессора в основном выполняет воображение. То есть, на рис. 4 разность между верхней и нижней кривой, разность между полными возможностями сознания и возможностями памяти — это воображение. Каждой основной форме сознания соответствует аналогичная форма воображения. Логическому восприятию соответствует логическое воображение, в частности, абстрактное мышление. Эмоциональному восприятию соответствует эмоциональное воображение, например, художественное воображение.

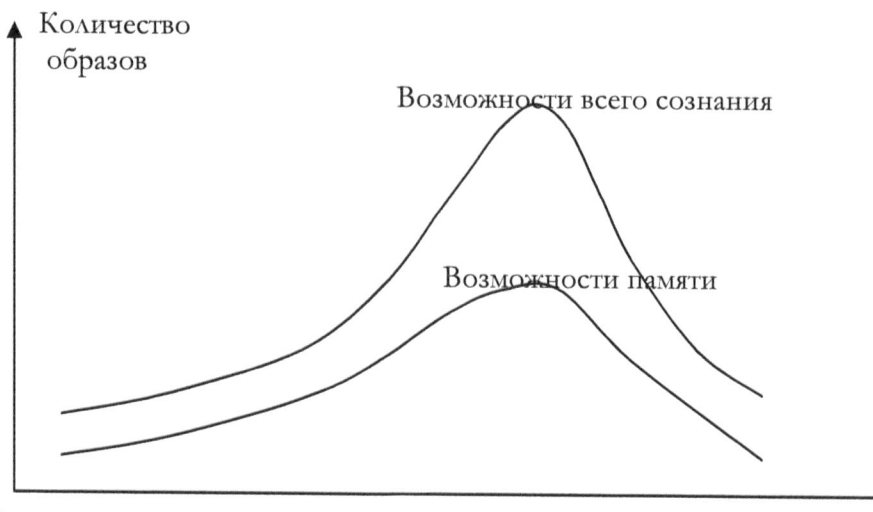

Рис. 4.

Если обратиться к рис. 4, то становится понятно, чем отличаются послушные люди от непослушных людей, причём, независимо от их способностей. У послушных людей разность между полными возможностями сознания (верхняя линия) и возможностями памяти (нижняя линия) небольшая, что свидетельствует о низких творческих возможностях. Даже если такой человек очень способный, и сделает хорошую карьеру даже в науке, то это будет за счёт прилежания и послушания, великое открытие такой человек навряд ли способен сделать. А если способности маленькие, то такой человек просто тихо и аккуратно будет послушно работать на своём месте.

У непослушных людей разность между полными возможностями сознания (верхняя линия) и возможностями памяти (нижняя линия), наоборот, очень большая, что свидетельствует о больших творческих возможностях, причём, тоже независимо от их способностей. Если такой человек очень способный, то он с большой долей вероятности где-то прославится: в науке, в искусстве, в криминале... Если у такого человека мало способностей, то даже в любом маленьком деле такой человек будет проявлять своё «творчество», непослушание.

Стоит отметить, что рис. 4 имеет прямое отношение к понятиям личностного и общественного сознания. Человек с хорошо развитым личностным сознанием – это довольно непослушный человек, иначе говоря, это человек с хорошим воображением (разность между верхней и нижней линиями велика). Человек с хорошо развитым общественным сознанием – это довольно послушный человек, воображение которого не развито или подавлено (разность между верхней и нижней линиями мала).

Графической иллюстрации на рис. 4 можно дать и другую интерпретацию, это уже вопрос терминологии. Нижняя кривая – это возможности сознания на осознанном уровне, то есть это всё то, что человек понимает и делает осознанно. Верхняя кривая – это полные возможности сознания, включая деятельность подсознания, то есть это возможности, которые запрограммированы на генетическом уровне. Разность между верхней и нижней кривой это и есть работа воображения в чистом виде. На уровне эмоционального восприятия это чувственная интуиция, иначе, просто предчувствие. На уровне логического восприятия это логическая интуиция. Если разность между верхней и нижней кривой мала, то у такого человека интуиция практически отсутствует. Если эта разность велика, то интуиция есть, причём она может носить разные оттенки. У одного человека может быть только чувственная интуиция, у другого – логическая, у третьего – все виды интуиции.

Если к вопросу об интуиции подходить с такой позиции, то предположение о том, что интуиция – это следующая форма сознания, которая сформируется у человека через десятки и сотни тысяч лет может быть неверным [1, 2]. В таком случае мы должны ввести новый термин для следующей новой формы сознания. Во всяком случае, геометризация, а в дальнейшем и математизация представлений о сознании ставит много вопросов, над которыми стоит подумать…

Если информацию измерять образами, то появляется возможность сравнить информационные возможности человека и компьютера, хотя такое сравнение, конечно, весьма условно. Для этого попробуем оценить информационные возможности человека в байтах. Одна буква или цифра – это уже образ, а на создание такого образа достаточно одного байта. На создание других простейших образов достаточно несколько байт. Слово – это тоже образ, предложение – тоже образ, вся книга – это тоже образ. На создание последнего образа, то есть книги, требуется до 1 Мбайта информации.

Для человека видеоинформация является главной. Условно можно сказать, что перед глазами человека в каждое мгновение находится одна очень большая и качественная фотография. А на создание сложного видеоизображения на компьютере, например, фотографии, будет достаточно приблизительно до 1 Мбайта информации. То есть 1 образ – как единица интегрированной информации может быть разным и, как минимум, величина одного образа может содержать от 1 байта до 1 Мбайта компьютерной информации. Естественно, у талантливых людей, величина одного образа может быть на 1 – 2 порядка выше. То есть на выше приведённых рисунках по оси Ох должна быть экспоненциальная шкала от 0 до 10^8 байт.

Оценим количество образов, которое содержит сознание человека. Человек за свою жизнь может прочитать несколько тысяч книг. Помнит он, конечно, не всё, но ведь содержание он помнит на уровне предложений и слов. Значит, количество образов может достигать десятков тысяч, и даже нескольких сотен тысяч. Но память человека содержит не только словесную информацию, но и огромное количество видеоинформации: лица родственников и знакомых, окружающая природа, пути передвижения, фотографии, картины, кинофильмы. Таким образом, количество образов, которое может содержать сознание человека, достигает, по крайней мере, нескольких миллионов. Если перевести это в байты, то память человека по самым скромным подсчётам составляет, по крайней мере, 10^{12} байт. А если учесть, что для человека любая информация многопланова, то есть даже одно слово может подразумевать разный смысл и оттенки, то понятно, что возможности сознания человека значительно превышают это значение.

Конечно, это средние значения. У некоторых людей эти возможности могут оказаться ниже, а у некоторых выше. Но сознание человека работает не только осознанно, но и неосознанно на подсознательном уровне. Очевидно, что память человека, то есть количество образов, и величина образов на подсознательном уровне во много раз больше выше приведённых значений. Это для компьютера одна буква – один байт, а для человека одна буква – это сложный абстрактный образ, на формирование которого ушли тысячи лет, и, очевидно, на подсознательном уровне для создания такого образа требуется громадное количество информации. То есть, на тех же рисунках по оси Оу должна быть экспоненциальная шкала от 0 до, приблизительно, 10^{15} - 10^{17} байт.

В компьютере для решения определённой задачи используется только определённая программа, определённая часть памяти. Все остальные возможности, функции и память компьютера остаются не задействованными. Сознание человека работает совсем иначе, для решения сложной или новой задачи сознание интегрирует почти все возможности сознания, в том числе на подсознательном уровне.

Все эти рассуждения носят оценочный характер и требуют дальнейшей разработки и уточнения. Но, несомненно, в будущем потребуются компьютеры, способные перерабатывать значительно бо́льшие объёмы информации, чем сейчас. Очевидно, современные технологии имеют ограниченные возможности, и в будущем потребуются новые технологии. Одна из возможностей – это интегрированные методы обработки информации. А для понимания этого вопроса необходимо дальнейшее изучение сознания человека, и потребуются поиски новых подходов для измерения интегрированной информации.

Геометризация представлений о сознании, в том числе, о сознании человека, описание сознания на уровне геометрической социологической модели[1], введение графиков для понимания работы сознания, говорит о том, что можно найти математические методы изучения сознания, что может иметь большой интерес для науки. Особый интерес может представлять применение выше описанных методов геометризации сознания для изучения психологических особенностей сознания животных, поскольку круг экспериментов, которые можно проводить с животными значительно шире экспериментов с человеком.

3. Педагогика

Поскольку большинство людей живут на основе чувств и эмоций, то можно понять, почему в психологии преобладает чувственный подход для изучения сознания. Но можно ли такой подход считать научным? Ведь наука строится по законам логики. Для автора этой статьи, человека, живущего на основе логики и проработавшего в педагогике более 25 лет, многие вопросы обучения и воспитания были спорными и непонятными. И только когда появились собственные взгляды, основанные на логике, то стали понятны причины различия способностей детей, и что нужно делать для развития этих способностей.

Вот ученик, которому не даются предметы гуманитарного цикла. Отвечать устно по литературе и истории он не умеет. Пишет по русскому языку совсем плохо, и почерк плохой, и в каждой строчке ошибки. Но по математике надёжно учится на оценку «четыре».

Понятно, что генетический уровень развития сознания этого ученика описывается линией 2 на рис. 3. И если бы ему дать возможность гуманитарными предметами заниматься по упрощённой программе, а естественнонаучные предметы изучать углублённо, то из него мог бы получиться неплохой мастер производства или даже инженер. Но в советской школе это было невозможно, да и сейчас в большинстве школ тоже невозможно, в результате наша школа, пытаясь всех научить всему, этого ученика подравняла, усреднила, и он стал обычным «троечником».

Прямо противоположный случай. Ученик отлично учится по гуманитарным предметам, учителя истории и литературы в восторге. Но по естественнонаучным дисциплинам он просто «ноль». Не может запомнить простейшие формулы, как их применять вообще не понимает, простейшую теорему и ту учит как стишок. Понятно, что генетический уровень развития сознания этого ученика описывается линией 1 на рис. 3. Все попытки развить мышление или хотя бы логическую память этого ученика ни к чему не привели, что тоже свидетельствует о том, что способности заданные на генетическом уровне изменить невозможно.

Вот отличница, значит, генетический уровень развития её сознания описывается линией 3 на рис. 3. То есть у неё хорошо развиты все формы сознания и все виды памяти. Поэтому такому ученику легче всего учиться, используя резервы своей памяти, что чаще всего и происходит на практике. Ученику легче, потому что ему не нужно особо напрягаться, а учителю легче, потому что ему удобно слушать излагаемый материал в той форме, которую он давал. Для школы такие ученики наиболее удобны, потому что они полностью вписываются в схему, когда всех можно и нужно научить всему, а из-за того, что они учатся в основном за счёт памяти, такие ученики к тому же очень послушны. То есть для школы отличники удобны вдвойне: из-за хорошего послушания, и из-за полного соответствия парадигме «всех можно научить всему». К сожалению, для учителей именно такие ученики служат примером для подражания.

На самом деле каждый человек личность со своими способностями и особенностями характера. И нельзя стремиться переделать каждого под какой-то идеал. На рисунке 3 изображены только крайние особенности сознания, а особенности сознания различных людей будут описываться множеством линий между этими крайними случаями. Множество этих линий и будут характеризовать эволюционное рассеяние сознания человека, которое необходимо учитывать во всех сферах деятельности, в первую очередь, в педагогике.

Давно пора понять и, главное, принять тот факт, что в одном классе могут сидеть рядом друг с другом ученики с разным уровнем развития сознания. Кто-то из учеников на десятки тысяч лет опережает среднее эволюционное развитие человека, и каковы реальные возможности такого ученика мы навряд ли представляем. А кто-то из учеников на десятки тысяч лет отстаёт от среднего эволюционного уровня развития, то есть просто живёт в каменном веке. Но мы этого тоже не понимаем. Мы просто пытаемся всех учеников как бы «усреднить» и привести их знания к некоторому среднему уровню. Практически в каждой школе пытаются «усреднить» учеников к тому уровню, на котором находится коллектив учителей этой школы.

То реформирование образования, которое реализуют в настоящее время, это совсем не то, что нужно в реальности. В целом направление на профильную школу выбрано правильно, но все профили, которые вводятся, рассчитаны на достаточно способных учеников. А что делать с остальными? Нужны не профили, специализированные на различные, достаточно узкие, сферы деятельности, а нужны различные уровни образования, охватывающие все сферы деятельности человека. Причём, если в школе даётся всё-таки общее образование, то оно и должно остаться общим по направлениям образования, а не по направлениям профессиональной специализации.

С точки зрения эволюции сознания, главной задачей образования является развитие логики, мышления, в крайнем случае, логической памяти. К сожалению, гуманизация образования, то есть усиление гуманитарных предметов за счёт предметов естественнонаучного цикла, ведёт к прямо противоположной тенденции. И если мы сохраним эту тенденцию, то наше образование вскоре вообще станет третьеразрядным. Упор на обязательное знание английского языка на самом деле ничего не даёт, главное – это хорошее владение своей профессией. Механизатором, рабочим, мастером и даже хорошим инженером можно стать и без знания иностранного языка. А вот если ты будешь отлично знать иностранный язык, но не будешь в совершенстве владеть своей профессией, то даже за границей сможешь пополнить только ряды безработных.

Заключение

Изучение окружающего мира начинается с ощущений, чувств и эмоций. Даже первые представления о физической картине мира не являются исключением: всё начиналось с эмоционального уровня познания, когда из земли, воды и огня пытались объяснить все сущности…

Практически все наши представления о сознании пока тоже строятся на основе ощущений и чувств. По этой причине многие считают, что для изучения сознания нельзя использовать точные науки, потому что сознание по своей природе качественно, а не количественно. Думаю, рано или поздно мы поймём, что сознание нельзя изучать только на основе эмоционального и чувственного восприятия, условно говоря, на уровне вечной борьбы добра и зла. Сознание гораздо сложнее, чем наши качественные представления о нём, поэтому логику нужно применять не для того, чтобы объяснить феномен сознания на качественном уровне, логика нужна для того, чтобы перейти от качественного уровня изучения сознания к количественному.

Мы должны понимать, что наши представления об окружающем мире напрямую зависят от уровня развития нашего сознания. Несмотря на все наши усилия, пока нам трудно понять, как за качественными характеристиками сознания скрыты количественные показатели. Но пройдёт время, уровень развития нашего сознания поднимется, и скрытое станет явным. В данной работе предлагается один из подходов для перехода изучения сознания с качественного уровня познания к количественному уровню. Возможны варианты, возможны ошибки в частностях, но в целом, методологический подход должен быть правильным.

Чтобы стало понятнее, о чём идёт речь, повторю пример со светом (видимое электромагнитное излучение). На уровне эмоционального восприятия свет воспринимается нами в виде различных цветов – красный, зелёный и т. д. Это качественное восприятие света. На уровне логического восприятия свет – это электромагнитные волны с определённой длиной волны, или фотоны с определённой энергией. Это уже количественное понимание природы света.

В вопросе о природе сознания всё обстоит примерно так же. На уровне эмоционального восприятия сознание мы воспринимаем качественно: добрый, умный, эгоист, холерик и т. д. На уровне логического восприятия за всеми этими характеристиками могут быть скрыты количественные показатели. Вполне возможно, чтобы до них докопаться, понадобятся десятилетия и столетия. Но начать можно с того подхода, который предлагается в данной работе.

Литература

1. Мурашкин В. В., (2005). Эволюция сознания. Кругловка, «Самиздат».
2. Мурашкин В. В. Эволюция сознания. Данный сборник.
3. Мурашкин В. В., (2000). Сайт: www.nektosha.euro.ru.

Серия: ТЕОРЕТИЧЕСКАЯ МЕХАНИКА

Локтев В.И.

Индуктивный метод познания основ теоретической механики

Аннотация

Предлагается новый подход к изложению курса теоретической механики в технических вузах, основанный на методе индукции.

В инженерном образовании курсу теоретической механики отводится двоякая роль. С одной стороны, это наука, которая вместе с математикой и физикой имеет важное общеобразовательное значение. С другой стороны, она является научной базой современной техники. Поэтому основы теоретической механики необходимы инженеру любой специальности.

Еще 30 лет назад полный трехсеместровый курс теоретической механики составлял 208-226 аудиторных часов. Для большинства машиностроительных, транспортных, строительных специальностей разрабатывались программы на 170-190 аудиторных часов, сокращенные программы для технологических, электромеханических специальностей рассчитывались на 120 аудиторных часов. Последний переход на новые Государственные образовательные стандарты привел к очередному снижению числа аудиторных часов на курс теоретической механики еще на 20%, а в целом за последние 30 лет – до двух и более раз.

Такая, в общем-то, неблагоприятная тенденция заставляет искать новые пути, новые подходы к изложению основ теоретической механики, в то же время бережно сохраняя идеи, заложенные классиками учебной литературы по теоретической механике. Один из таких подходов – углубление индуктивного метода при изложении курса теоретической механики.

Сама по себе идея не нова. Индукция (наведение) и дедукция (выведение) – два взаимосвязанных метода мышления, широко используемых в образовательных процессах, в том числе и при изучении теоретической механики. Например, в разделе «Статика» обычно изучаются сначала системы сходящихся сил, затем плоская и, наконец, пространственная система сил (индукция, от частного к общему). При сокращенной программе основные уравнения равновесия систем сил выводятся как частный случай из уравнений движения (дедукция, от общего к частному).

Суть предлагаемого углубления индуктивного метода в познании основ теоретической механики состоит в следующем.

Несмотря на глубину и неэлементарность понятия пространства – одного из основных понятий механики, в пределах ньютоновской механической картины мира пространство принято считать трехмерной протяженностью, обладающей свойствами бесконечности, однородности и изотропности. Вопрос о трехмерности пространства, возможно, самый сложный и с математической, и с физической, и с философской точек зрения. Термин «пространство» в механике заимствовано из геометрии, а слово «геометрия» происходит от древнегреческого «metreo» – измерять. Это означает, в частности, что геометрия, теория метрических пространств исходит из потребностей человеческой практики, из практики измерений, то есть количественного познания форм и размеров реальных тел, их отношений.

Принятое в математике аксиоматическое изложение геометрии восходит к древнегреческому ученому Евклиду (III век до н.э). Он систематизировал накопленные к тому времени геометрические знания, практику измерений и дал аксиоматическое изложение этой науки. Продуманное и логическое изложение геометрии Евклидом привело к тому, что математики не мыслили даже возможности существования иной геометрии. Немецкий философ XVIII века И. Кант и многие его последователи считали, что понятия и идеи евклидовой геометрии были заложены в человеческое сознание еще до того, как человек научился что-либо осознавать. Происхождение этой мысли становится понятным, если проследить процесс возникновения геометрических знаний в сознании ребенка.

Дети тысячи раз видят, например, прототипы прямых линий в жизни: луч света, обрез книжной страницы, натянутую нитку, край стола или двери – все это, запечатленное в сознании ребенка, делает его психологически подготовленным к восприятию понятия «прямая». Позже ребенок, часто молча, но осознанно воспринимает прямые углы и перпендикуляры, которые мы видим на каждом шагу, окружности (колесо, пуговица, солнечный диск, край тарелки или блюдца), квадраты, треугольники и другие плоские фигуры. Отраженные в сознании, эти представления помогают понять геометрию сначала как бы в одномерном (прямые линии), затем в двумерном пространстве (геометрия на плоскости – планиметрия). С возрастом и опытом приходит осознание пространственных форм, в рамках школьной программы это осознание систематизируется в геометрии трехмерного пространства (стереометрия).

В такой же последовательности, от простого к сложному, можно излагать и основы теоретической механики.

Начнем с одномерной механики. С одной стороны, все очень просто, в одномерном пространстве не существует даже понятия вектора. Сила, скорость, ускорение в этом случае являются скалярными величинами. В то же время именно здесь можно показать почти все аксиомы статики, законы динамики. В статике легко решается задача об упрощении системы сил, выводится одно уравнение равновесия. В кинематике вводятся понятия средней и мгновенной скорости и ускорения точки, обсуждаются частные случаи, отличающиеся характером движения точки – равномерное, равнопеременное. Кинематика твердого тела (в одномерном пространстве это недеформируемый отрезок прямой) фактически сводится к кинематике точки.

Особый интерес представляет изучение основ динамики в одномерном пространстве. Динамика точки здесь может быть изложена практически в полном объеме. Можно показать все частные случаи решения обратной задачи динамики и способы интегрирования дифференциальных уравнений движения. Теоретически это можно изложить, например, так.

Вторая (обратная) задача динамики точки. Известны масса точки m и приложенная к точке сила (или сумма сил) F. Необходимо узнать, как точка движется, то есть найти кинематическое уравнение движения точки $x = x(t)$, где x — координата точки.

Математически эта задача решается интегрированием дифференциального уравнения движения, вытекающего из основного уравнения динамики $m \cdot a = F$, где $a = \dfrac{d^2 x}{dt^2}$ - ускорение точки. Возникающие при этом постоянные интегрирования находятся из начальных условий вида $x(0) = x_0, v(0) = v_0$, где $v = \dfrac{dx}{dt}$ - скорость точки.

В общем случае обратная задача динамики точки является относительно сложной из-за математических трудностей при интегрировании дифференциальных уравнений. Приложенная к точке сила F может быть постоянной по величине (например, сила тяжести вблизи поверхности Земли); может быть функцией только времени t (например, внешнее силовое воздействие при колебаниях точки); может быть функцией только скорости точки v (например, сила сопротивления); может быть функцией только положения точки – координаты x (например, сила упругости); и, наконец, может зависеть от нескольких из этих аргументов одновременно. Способы интегрирования дифференциальных уравнений движения при этом разные (табл. 1). Аналитически в конечном виде обратная задача динамики может быть решена лишь для сравнительно небольшого числа простейших случаев, если функции $F(t), F(v), F(x)$, а в общем случае $F(t, v, x)$ являются интегрируемыми.

Таблица 1. Интегрирование дифференциальных уравнений движения точки в простейших случаях

Дифференциальное уравнение движения, сила зависит	Скорость точки	Кинематическое уравнение (закон движения)
$m\dfrac{d^2x}{dt^2} = 0$, сила не действует	$v = v_0 = \mathrm{const}$	$x(t) = x_0 + vt$
$m\dfrac{d^2x}{dt^2} = F$, сила постоянна	$v(t) = v_0 + \dfrac{F}{m}t$	$x(t) = x_0 + v_0 t + \dfrac{Ft^2}{2m}$
$m\dfrac{d^2x}{dt^2} = F(t)$, от времени	$v(t) = v_0 + \int\limits_0^t \dfrac{F(t)}{m}dt$	$x(t) = x_0 + \int\limits_0^t v(t)dt$
$m\dfrac{d^2x}{dt^2} = F(v)$, от скорости	Находится из уравнения $\int\limits_{v_0}^v \dfrac{dv}{F(v)} = \dfrac{t}{m}$	$x(t) = x_0 + \int\limits_0^t v(t)dt$
$m\dfrac{d^2x}{dt^2} = F(x)$, от положения	$v(x) = \sqrt{v_0^2 + \int\limits_{x_0}^x \dfrac{2F}{m}}$	Находится из уравнения $\int\limits_{x_0}^x \dfrac{dx}{v(x)} = t$

Каждый или некоторые из простейших случаев интегрирования дифференциальных уравнений движения точки (табл. 1) можно проиллюстрировать классическими примерами (задача Галилея, движение точки в среде с сопротивлением, свободные колебания точки) или другими задачами.

Полезно было бы показать, что прямая задача динамики, несмотря на кажущуюся простоту постановки, порой тоже требует очень серьезных раздумий.

Первая (прямая) задача динамики точки. Известно движение точки, необходимо найти приложенную к точке силу. Математически эта задача решается дифференцированием заданного кинематического уравнения движения.

Пример. Движение точки массой m задано уравнением $x = A\sin(kt)$, где A, k - постоянные числа. Найдите силу, действующую на точку.

Решение. Находим ускорение точки $a = \dfrac{d^2 x}{dt^2} = -Ak^2 \sin(kt)$

и, используя основное уравнение динамики, получаем силу как функцию времени $F = -mAk^2 \sin(kt)$. Казалось бы, задача решена. Но у этой задачи возможны иные решения: $F = -mk^2 x$ (сила зависит от положения точки) или $F = -mk\sqrt{(Ak)^2 - v^2}$ (сила зависит от скорости точки). Какая сила все-таки заставляет точку двигаться по закону $x = A\sin(kt)$? Подобного рода неопределенности в решении прямой задачи динамики и их разрешение являются основополагающими в осознании законов природы. Заслуга гениев в том и состоит, что, зная и наблюдая движение точек и тел, им удалось установить вид сил, действующих на тела (закон инерции – Галилей, закон всемирного тяготения – Ньютон, закон упругости – Гук, и другие).

В одномерной механике можно показать две основные теоремы динамики – о количестве движения и о кинетической энергии точки. Это тоже принципиально хотя бы потому, что таким образом сразу и просто вводятся две основные меры движения. Исторический спор о степени важности количества движения mv (Декарт) или кинетической энергии $\dfrac{mv^2}{2}$ (Лейбниц) давно разрешен компромиссом, потому что сила, действующая на точку, может быть определена двояко: через количество движения $F = \dfrac{d(mv)}{dt}$ или кинетическую энергию $F = \dfrac{d}{dx}\left(\dfrac{mv^2}{2}\right)$.

Оставаясь в рамках одномерной механики, при необходимости можно двигаться дальше. Например, изложить принцип Даламбера, основы теории удара. Очень удобно здесь изложить основы теории колебаний, в том числе для систем с двумя (две материальные точки), n степенями свободы (n материальных точек). Случай непрерывного распределения материальных точек соответствует системе с бесконечно большим числом степеней свободы и приводит к исследованию продольных колебаний стержня.

После одномерной механики логично следует двумерная (плоская) механика. Здесь вводятся векторные представления силы, скорости, ускорения. В статике вводятся новые понятие пары сил, момента силы относительно точки как алгебраической величины, выводятся три уравнения равновесия. В кинематике точки с введением плоской системы естественных осей появляется нормальное ускорение. Излагается теория сложного (составного) движения точки. В кинематике твердого тела обсуждаются поступательное, вращательное и плоское движения, понятия угловой скорости и углового ускорения как скалярных величин. В динамике появляется необходимость ввести понятия момента количества движения, момента инерции как меры инертности механической системы и твердого тела во вращательном движении. Формулируется теорема о кинетическом моменте механической системы. В рамках плоской механики можно рассмотреть все основные принципы динамики – принцип возможных перемещений, принцип Даламбера-Лагранжа, уравнения Лагранжа и другие.

Трехмерная механика во многом может быть обобщена методом индукции. Здесь много традиционных, специфических и непростых вопросов: в статике – момент силы относительно точки как вектор, момент силы относительно оси, в кинематике и динамике – сферическое, свободное движения тела и другие. При общепринятом построении курса и небольшом числе часов на эти вопросы по-серьезному все равно времени не хватает.

Изложение основ теоретической механики индуктивным методом логично было бы завершить систематизацией основных понятий механики, например, в табличной форме (табл. 2).

Таблица 2. Основные понятия теоретической механики

Число измерений пространства	1	2	3
Сила	Скаляр	Вектор	Вектор
Момент силы относительно точки	-	Скаляр	Вектор
Момент силы относительно оси	-	-	Скаляр
Простейшая неупрощаемая система сил	Сила	Пара сил	Динама
Количество уравнений равновесия	1	3	6
Количество уравнений равновесия	1	3	6
Количество уравнений движения точки (поступательно го движения тела)	1	2	3
Касательное ускорение точки	Только при неравномерно м движении	Только при неравномерном движении	Только при неравномерн ом движении
Нормальное ускорение точки	нет	Только при криволинейном движении	Только при криволинейн ом движении
Количество уравнений движения свободного тела	1	3	6

Угловые скорость и ускорение тела	-	Скаляры	Векторы
Масса	Неотрица-тельная величина	Неотрица-тельная величина	Неотрица-тельная величина
Число степеней свободы одной точки	1	2	3
Число степеней свободы свободного тела	1	3	6
Количество координат центра масс	1	2	3
Количество движения	Скаляр	Вектор	Вектор
Момент количества движения	-	Скаляр	Вектор
Кинетическая энергия	Неотрица-тельная величина	Неотрица-тельная величина	Неотрица-тельная величина

Серия: **ФИЗИКА**

Коварский В.А., Колесник Р.Э.

Туннельный безызлучательный перенос протона в молекулах под влиянием флуктуаций классической среды окружения.

Аннотация

В рамках квазиклассической теории рассматриваются безызлучательные переходы в молекулах, учитывающие влияние классической полярной среды окружения на процессы туннельного переноса протона. Учтен эффект изменения колебательных частот молекулы при протонном переходе. В случае медленных флуктуаций среды окружения при определенных значениях параметров молекулы получено увеличение скорости туннельного переноса с ростом температуры.

Данная работа была начата летом 1999 г. в сотрудничестве с академиком В. А. Коварским, светлой памяти которого и посвящается.

Теоретические исследования динамики и кинетики процессов переноса протона и атома водорода занимают особое место в химической кинетике. Ввиду значительных квантовых эффектов к ним во многих случаях неприменима теория переходного состояния. Туннельный перенос протона в электронно-возбужденном состоянии представляет также фундаментальный интерес в приложениях к биологическим системам.

Недавно выполнен обзор по методам расчета переноса протона [1], поэтому данная задача все еще остается актуальной.

Наше рассмотрение произведем на основе квазиклассического метода, движение протонов описываем классически, а амплитуду перехода по квантовой механике. Такой подход был развит в работах Р. Маркуса. Ограничимся приближением двух протонных термов с близкими значениями энергий. Будем полагать, что соответствующая разность энергий $\Delta_{21} >> kT$, так что вероятности активационных процессов пренебрежимо малы. Существование электрических полей полярной среды окружения может приводить к флуктуациям, при которых эффективная энергетическая щель Δ_{21} исчезает из-за штарковских смещений уровней и реализуется туннельный безизлучательный переход. Если характерное время изменения флуктуации среды окружения много больше времени туннелирования, то скорость безызлучательного перехода будет возрастать с ростом интенсивности флуктуаций.

В настоящей работе будет принята во внимание более реалистичная модель примесной молекулы, учитывающая изменение колебательных частот при протонном переходе, что, как отмечалось в [13-15], может значительно изменить скорость безызлучательного перехода. Полярную среду окружения будем характеризовать гаусс-марковской автокорреляционной функцией

$$\varphi(t_1, t_2) = B_0^2 \exp(-\gamma|t_1 - t_2|). \tag{1}$$

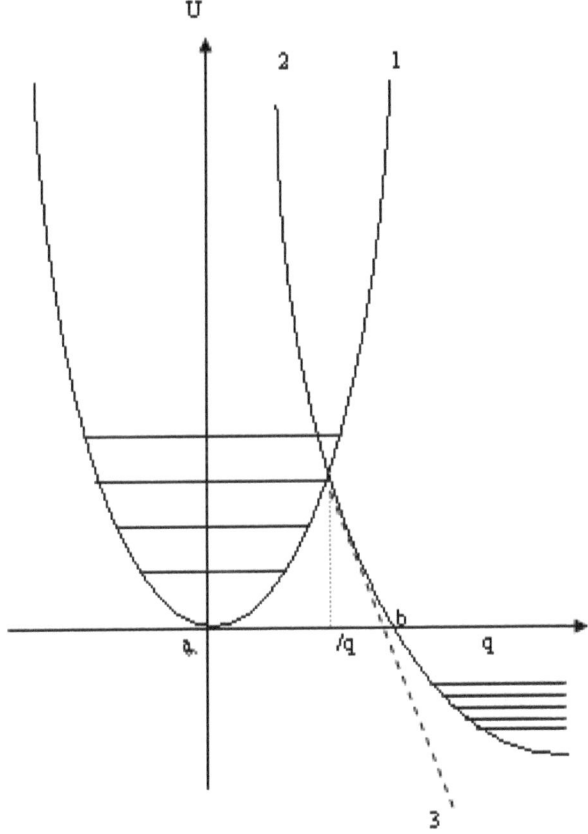

Рис. 1. Кривые 1, 2 соответствуют различным протонным термам молекулы, прямая 3 – отталкивающему терму молекулы, q – точка пересечения, ab – путь туннелирования.

Здесь B_0^2 - интенсивность шума, зависящая от температуры, $\gamma=1/\tau_c$. Параметр теории b/k (см. ниже), определяющий температурную зависимость скорости безызлучательного перехода, во многом определяется выбором модели среды окружения. Для низкочастотной классической среды окружения $B_0^2 \sim T$.

Рассмотрим двухтермовую молекулу, адиабатические потенциалы которой учитывают изменение как положения ядер, так и их колебательных частот в протонных состояниях 1 и 2. Нас будет интересовать туннельный переход системы из состояния 1 в состояние 2 по пути ab (см. рис. 1). Предполагаем, что для колебательных частот в состоянии 1 (ω_1) и в состоянии 2 (ω_2) выполнено условие$\omega_1 >> \omega_2$ ($\eta\omega_1 >> kT$). Это условие приводит к тому, что низкочастотная полярная среда окружения будет более сильно взаимодействовать с низкочастотным (ω_2) молекулярным колебанием в конечном состоянии 2, и для простоты пренебрежем воздействием колебаний среды окружения на колебательную моду с частотой ω_1 в начальном протонном состоянии.

Колебательные гамильтонианы в протонных состояниях 1, 2 имеют вид

$$H_{1,2} = -\frac{h^2}{2m_t}\frac{\partial^2}{\partial q^2} + U_{1,2}(q),$$

$$U_1(q) = \frac{m\omega_1^2}{2}q^2,$$

$$U_2(q) = \frac{m\omega_2^2}{2}q^2 - v(\bar{q})(q-\bar{q}) - f(t)q$$

(2)

где

$\bar{q}$ - точка пересечения колебательных термов (см. рис. 1),

m_t — масса осциллятора,

m - масса протона, причем $m_t .>> m$.

Сила $f(t)$ представляет собой гаусс-марковский процесс с корреляционной функцией (1). Скорость туннельного безызлучательного процесса может быть представлена в виде (см. «Приложение»)

$$W_{21} = \frac{V_{21}^2}{\eta^2} 2\operatorname{Re}\int_0^\infty d\tau \exp(iE_0\tau/\eta)I_{21}(\tau),$$

(3)

$$I_{21}(\tau) = \int dq \int dq' \phi_0(q)\langle (K(q\tau|q'))\rangle\phi_0(q')$$

(4)

Здесь V_{12} — матричный элемент перехода $1\rightarrow 2$, $\varepsilon_0 = (1/2)m\omega_1^2 \overline{q}^2$, $\quad E_0 = \varepsilon_0 + v(\overline{q})\sqrt{\varepsilon_0} \times \sqrt{2/m\omega_1^2}$, $\quad \phi_0(q)$ — волновая функция основного состояния осциллятора с частотой ω_1, $K(q\tau|q')$ — функция Грина, определяемая гамильтонианом H_2. Угловыми скобками обозначено усреднение по реализации случайного процесса $f(t)$. Запишем функцию Грина $K(q\tau|q')$ в виде функционального интеграла:

$$K(q\tau|q') = \int Dq(\tau)\exp\left\{\frac{i}{\eta}S(q\tau|q')\right\}. \tag{5}$$

Здесь $S(q\tau|q')$ — классическое действие:

$$S(q\tau|q') = \int_0^\tau dt\left[\frac{m}{2}q^2 - \frac{m\omega_2^2}{2}q^2 + (v+f(t))q\right].$$

Континуальный интеграл (5) вычисляется по траекториям $q(t)$, удовлетворяющим граничным условиям $q(0)=q'$, $q(\tau)=q$. Вычисление среднего по реализациям случайного процесса $f(t)$ дает

$$\left\langle \exp\left\{\frac{i}{\eta}\int_0^\tau dt\, f(t)q(t)\right\}\right\rangle = \exp\left\{\frac{1}{2}(\frac{i}{\eta})^2\int_0^\tau dt_1\int_0^\tau dt_2 q(t_1)\varphi(t_1,t_2)q(t_2)\right\}. \tag{6}$$

Усредненную функцию Грина $\langle K(q\tau|q')\rangle$ можно записать как

$$\langle K(q\tau|q')\rangle = \int Dq(\tau)\exp\left\{\frac{i}{\eta}S_{eff}(q\tau|q')\right\}. \tag{7}$$

Эффективное действие $S_{eff}(q\tau|q')$ имеет вид

$$S_{eff} = \int_0^\tau dt\left[\frac{m}{2}q^2 - \frac{m}{2}\omega_2^2 q^2 + vq + \frac{iB_0^2}{2\eta}\int_0^\tau ds\,\exp(-\gamma|t-s|)q(t)q(s)\right]. \tag{8}$$

Экстремальная траектория $q(t)$, минимизирующая действие $S_{eff}(q\tau|q')$ удовлетворяет уравнению

$$q'' + \omega_2^2 q = \frac{iB_0^2}{\eta m}\int_0^\tau ds\,\exp(-\gamma|t-s|)q(s) + \frac{v}{m}. \tag{9}$$

Эффективное действие на экстремальной траектории (9) имеет вид

$$S_{eff}^{(cl)}(q\tau|q') = \frac{m}{2}qq'\big|_0^\tau + \frac{1}{2}v\int_0^\tau dt\, q(t). \tag{10}$$

Континуальный интеграл (7) с экспоненциальной точностью можно записать как [16]

$$\left\langle K(q\tau \mid q') \right\rangle = \left[-\frac{1}{2\pi \eta i} \frac{\partial^2 S_{eff}^{(cl)}}{\partial q \, dq'} \right]^{1/2} \exp \left[\frac{1}{\eta} S_{eff}^{(cl)} (q\tau \mid q') \right], \qquad (11)$$

Отметим, что предэкспоненциальный множитель не зависит от q, q', так как экстремальная траектория $q(t)$ есть линейная форма по q, q'. Следовательно, выражение (11) для усредненной функции $\left\langle K(q\tau \mid q') \right\rangle$ является точным. Интегродифференциальное уравнение (9) можно привести к дифференциальному уравнению четвертого порядка:

$$Q^{(4)} + (\omega_2^3 - \gamma^2) Q^{(2)} - (2i\gamma D + \gamma^2 \omega_2^2) Q = 0, \qquad (12)$$

$$Q = q - A, \qquad A = \frac{F_0 \gamma^2}{2i\gamma D + \gamma^2 \omega_2^2}, \qquad D = \frac{B_0^2}{\eta m}, \qquad F_0 = \frac{v}{m}.$$

Две дополнительные константы интегрирования определяем из уравнения (9) в точках $t=0$, $t=\tau$. Подставляя (11) в выражение для производящей функции (4) и вычисляя элементарные гауссовские интегралы по q, q', находим $I_{21}(\tau)$; затем по формуле (3) определим скорость безызлучательного перехода. Решение граничной задачи (9), (12) очень громоздко. Рассмотрим поэтому предельные случаи медленных флуктуаций среды окружения.

В пределе медленных флуктуаций среды окружения ($k<<1$, $b/k>>1$) экстремальная траектория имеет вид

$$q(t) = \frac{q - q'}{\tau} t + q' + \frac{1}{2} \frac{F_0 + (1/2) D(q + q')\tau}{1 + (D\tau^3 / 12)} (t^2 - t\tau). \qquad (15)$$

Используя (10), (11), (15), получим следующее выражение для производящей функции в случае медленных флуктуаций среды окружения:

$$I_{21}(x) = \frac{1}{\sqrt{1 + ix/2}} \times \frac{\sqrt{1 - ibx}}{\sqrt{1 + (bx^2/2)(1 + ix/6)}}$$
$$\times \exp \left[-\frac{V_0^2}{4} x^2 \frac{1 + ix/6}{1 + (bx^2/2)(1 + ix/6)} \right]. \qquad (16)$$

Здесь $x = \omega_1 \tau$, $V_0^2 = v^2 / \hbar m \omega_1^3$. В случае медленных флуктуаций, при значениях параметров $V_0^2 << 1$, $\Delta_{21} \underset{\approx}{>} \eta\omega$ общее выражение (3) для скорости безызлучательного туннельного перехода может быть преобразовано для достаточно широкого потенциального барьера к виду

$$W_{21} = W_{21}^{(0)} \exp(\frac{2B_0^2}{V_0^2} \xi^2), \qquad (25)$$

$W_{21}^{(0)}$ - константа, не зависящая от температуры, есть скорость процесса в отсутствии внешней среды окружения и сводится к выражению

$$W_{21}^0 = \varpi \frac{\sqrt{2\pi}}{s_0} \exp(-2s_0) \exp(-\frac{4}{3}\frac{\varepsilon^{3/2}}{v}), s_0 = \frac{E_0}{\hbar\omega_1} \qquad (26)$$

Здесь ϖ -частота скорости перехода. А для ξ получаем выражение

$$\xi = \frac{1}{3}\frac{\varepsilon_0^{3/2}}{V_0} - \frac{\varepsilon_0}{\hbar\omega_1}(\sqrt{2}-1).$$

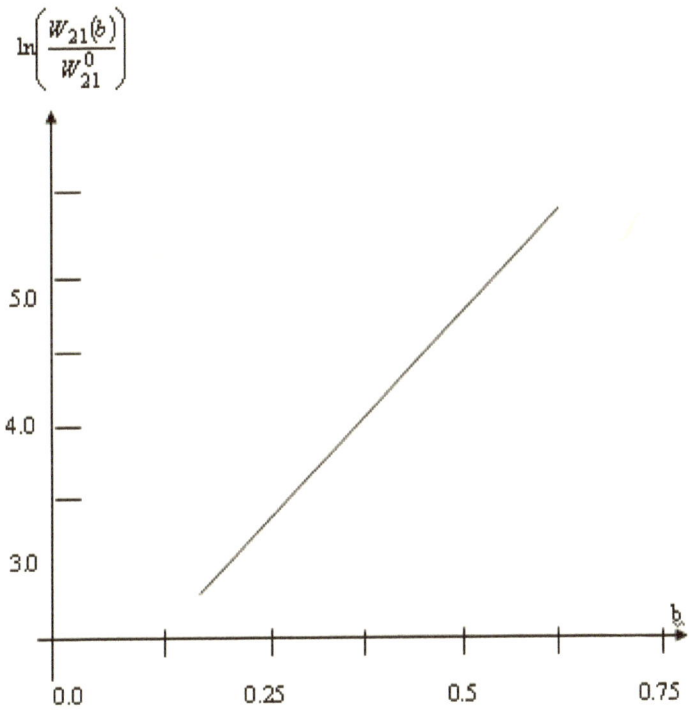

Рис.2. Зависимость вероятности туннельного безизлучательного перехода от параметра b

(W_{21}^0 - вероятность туннельного перехода в отсутствие среды, $W_{21}^{(0)} = W_{21}$ (b=0) = 0.0096 × 10^{-11}).

Температурная зависимость скорости перехода определяется выражением (26). На рис. 2 приведена зависимость вероятности туннельного перехода от параметра b, при фиксированном значении остальных параметров. В модели среды окружения, где $(b \infty T)$, из рис. 2 видно, что скорость безызлучательного перехода увеличивается с интенсивностью флуктуаций и ростом температуры.

Приведенный выше анализ температурной зависимости скоростей туннельного перехода протонно-колебательной системы при низких температурах показывает, что полярная среда окружения с частотами $(v(\eta v \overset{>}{\underset{\approx}{}} kT)$ существенно влияет на скорость безызлучательного перехода. В случае медленных флуктуаций среды окружения при определенном выборе параметров системы получается увеличение скорости перехода с ростом температуры.

Приложение

Матрица плотности рассматриваемой системы определяется уравнением

$$i\hbar \dot{\rho} = [H, \rho], \quad H = H_0 + V,$$

$$H_0 = \begin{pmatrix} H_1 & 0 \\ 0 & H_2 \end{pmatrix}, \quad V = \begin{pmatrix} 0 & V_{12} \\ V_{21} & 0 \end{pmatrix}, \quad (\Pi 1)$$

где H_1 и H_2 колебательные гамильтонианы основного 1 и конечного 2 электронно-колебательных состояний, V - это оператор, обуславливающий перенос протона, а V_{12} - матричный элемент оператора возмущения (например оператор спин-орбитального взаимодействия или матричный элемент коэффициента функции электронного взаимодействия с промотирующей модой). Этот матричный элемент не зависит от переменных акцептирующей моды. Вопрос об операторе возмущения решается с учетом возможных правил отбора и могут происходит переходы с оборачиванием спина.

В уравнении П1 для матрицы плотности перейдем к представлению взаимодействия

$$\sigma = S^+ \rho S , \quad ih \dot{S} = H_0 S ,$$
$$S(t,t) = 1, \quad S(t,t')S(t',t_0) = S(t,t_0) . \tag{П2}$$

Матричные элементы σ_{21} матрицы σ определяются вероятностями квантовых переходов и удовлетворяют уравнению

$$ih \dot{\sigma}_{21} = \tilde{V}_{21} \sigma_{11} - \sigma_{22} \tilde{V}_{21}, \quad \tilde{V}_{21} = S_2^+ S_1 V_{12} . \tag{П3}$$

Оператор эволюциии $S_{1,2}$ определяется гамильтонианами $H_{1,2}$. Предположим что возмущение, обуславливающее переход мало, и под его влиянием заселенности в слагаемых 1 и 2 изменяются мало от величин в отсутствии возмущений , то есть остаются равновесными

$$\sigma_{11} \approx \rho_{11}^0 = Z^{-1} \exp(-\frac{H_1}{kT}),$$

$$Z = Sp(\exp(-\frac{H_1}{kT}) .$$

Вероятности переходов из состояния 1 в 2 определяются выражением

$$W_{12} =<< \rho_{22} >> .$$

Внутренние угловые скобки обозначают усреднения по колебательным параметрам слагаемого 1. Внешние угловые скобки определяют усреднение по реализациям случайной силы $f(t)$. Далее находим искомую вероятность

$$W_{12} = \frac{2V_{12}^2}{h^2} \text{Re} \int_{t_0}^{t} dt << S_2(t,t')S_1(t',t) >> ,$$

где t_0 - момент переключения взаимодействия , $t - t_0 \rightarrow \infty$, из чего мы и получаем формулу (3).

Литература

1. М.В. Базилевский, М.В. Венер. Успехи Химии, т.72, т1. 3-39,, 2003.

2. Г. Эйринг, С.Т. Лин, С.М. Лин, Основы химической кинетики, Мир, Москва, 1983.

3. В.И. Гольданский, Л.И. Трахтенберг, В.Н. Флеров, Туннельные явления в химической кинетике, «Наука», Москва, 1986.

I. Rins and J. Jortner, J. Chem. Phys. 87, 2090, 1987.

4. Л.Д. Зусман, ТЭХ 15, 227, 1979.

5. A.I. Burstein and A.G. Kofman, Chem. Phys. 40, 289, 1979.

6. И.Ш. Авербух, В.А. Коварский, А.А. Мосяк, Н.Ф. Перельман, ТМФ 81, 271, 1989.

7. A.O. Caldeira and Leggett, Phys. Rev. Lett. 46, 211, 1981.

8. Н.Н. Корст, В.И. Ошеров, ЖЭТФ 51, 825, 1966.

9. V.I. Osherov, J. Chem, Phys. 47, 3885, 1967.

10. R.H. Dicke, Phys. Rev. 89, 472, 1953.

11. С.С. Ахманов, Ю.Е. Дьяков, А.С. Чиркин, Введение в статистическую радиофизику и оптику, Наука, Москва, 1981.

12. А.И. Герман, В.А. Коварский, Н.Ф. Перельман, ЖЭТФ 106, 801, 1994.

13. М.Д. Франк-Каменецкий, А.В. Лукашин, УФН 116, 193, 1975.

14. Э.С. Медведев, В.И. Ошеров, Теория безызлучательных переходов в многоатомных молекулах, Наука, Москва, 1983.

15. R. Engelman, Non-Radiative Decay of Ions and Molecules in Solids, North-Holland Publ. Co., Amsterdam, 1979.

16. Р. Фейнман, А. Хибс, Квантовая механика и интегралы по траекториям, Мир, Москва, 1968.

17. V. Kovarskii, L. Chernysh and A. Belousov, Phys. Stat. Sol. (B) 123, 345, 1984.

18. D. De Vault, J.H. Parkes and B. Chance, Nature 215, 642, 1967.

19. Э.Г. Петров, Физика переноса заряда в биосистемах, Наукова думка, Киев, 1984.

Коварский В.А., Колесник Р.Э.

Эффект красного смещения полос поглощения дипольными молекулами, обусловленный возбуждением колебательных пакетов

Аннотация

Рассмотрена динамика фононных волновых пакетов в электронно- колебательных системах с участием сжатых колебательных состояний в реверсивной среде. Для получения сжатых состояний сверхкоротким лазерным импульсом введен в рассмотрение фононный электронно-колебательный пакет и также вычислен сдвиг полосы поглощения на оптическом переходе. Наибольшая скорость поглощения реализуется в моменты времени , когда ширина волнового пакета сжатого сотояния максимальна. Показано, что коэффициент, содержащий дисперсию тепловых колебаний , в случае оптического перехода с участием сжатых состояний содержит дисперсию суперпуассоновского распределения, что приводит к красному смещению полосы на величину ширины волнового пакета. Этот эффект можно получить используя метод моментов для гауссообразных полос поглощения и излучения. В статье расчитаны два первых момента для полос поглощения, используя волновые пакеты. Показана связь со сжатыми состояниями и параметром Стокса.

Данная работа была начата летом 1999 г. в сотрудничестве с академиком В. А. Коварским, в лаборатории физической кинетики ИПФ, светлой памяти которого и посвящается.

В молекулярных электронно- колебательных системах а также в приместных центрах некоторых кристаллов экспериментально наблюдается смещение максимума оптических полос поглощения в красную длинно-волновую часть спектра с температурой (см. исходную работу [1] , а так же [2] ,[3] ,[4]). Проще всего этот эффект можно получить используя метод моментов для гауссообразных полос поглощения и излучения. Действительно положение максимума определяется первым моментом полосы [5]

$$\hbar\omega = < \hat{H}_1 - \hat{H}_2 > . \tag{1}$$

Здесь $H_1 = \varepsilon_1 + \dfrac{h\omega_1 b^+ b}{2}$ - колебательный гамильтониан в

начальном состоянии, $H_2 = \varepsilon_2 + h\omega_2(b^+b + \dfrac{b^2}{2} + \dfrac{b^{+2}}{2})$ - колебательный гамильтониан в конечном состоянии, $<\quad>$ - усреднение по колебательному состоянию начального электронного состояния.

Для простоты можно учесть только эффект изменения колебательных частот при квантовом переходе, так что положение максимума определяется формулой $h\omega_{max} = (\varepsilon_1 - \varepsilon_2)\dfrac{(h\omega_1 - h\omega_2)}{2}N_{av}$;

здесь $N_{av} = \dfrac{1}{e^{\frac{h\omega}{kT}} - 1}$. Таким образом, смещение полосы

поглощения для температур $KT >> h\omega_1$ определяется формулой

$$\Delta\omega_{max} = \dfrac{(h\omega_1 - h\omega_2)}{2}\dfrac{KT}{h\omega}. \qquad (2)$$

В последнее время в литературе широко обсуждается приготовление суперпуассоновских колебательных пакетов [6] , при этом дисперсия таких пакетов в простом случае так называемого вакуума сжатых состояний, можно считать по величине гораздо больше дисперсии тепловых колебаний [7]. Фононный пакет можно организовать при действии сверхкороткого лазерного импульса, смешивающего колебательный уровень основного электронного состояния с колебательными уровнями возбужденного электронного состояния. При этом длительность импульса τ такова, что

$$\Delta = \varepsilon_1 - \varepsilon_2 <\sim \dfrac{h}{\tau}.$$

Сжатые колебательные состояния для локальных центров кристаллов активно исследуются в последнее время (см., например, [8,9]). Возможность приготовления таких сжатых состояний с помощью сверхкоротких лазерных импульсов [8] делает их привлекательным объектом теоретических и экспериментальных исследований прежде всего из-за новых соотношений параметров сжатых колебательных состояний (по сравнению со сжатым светом) и, естественно, новых приложений.

Под действием короткого светового импульса с частотой и напряженностью $F_o f(t) \sin \Omega t$ ($f(t)$ – огибающая импульса) происходит возбуждение колебательных состояний в верхнем осцилляторе 2 (предполагаются разрешенными дипольные оптические переходы 1>2). (Впервые приготовление сжатых состояний при внезапном изменении частоты осциллятора отмечалось в работе [9]).

Волновая функция верхнего осциллятора 2 определяется из уравнения

$$\psi(Q;t) = \frac{(d_{12}F_0)}{h} \int dQ' \int dt' G(Q;t;Q';t') e^{i\Omega t} f(t') \psi(Q';t') \quad (3)$$

Здесь $G(Q;t;Q';t')$ – функция Грина гармонического осциллятора [7]. Рассмотрим импульс

$$f(t) = \frac{T_0}{\tau} e^{-\frac{t^2}{\tau^2}},$$

где τ – длительность импульса, T_o – нормировочная константа, $\tau^{-1} \gg \omega_2$. В дальнейшем для простоты расчетов полагаем $\tau > 0$, $f(t) = T_o \delta(t)$ ($\delta(t)$ – дельта-функция [8], что не меняет качественную картину переходов, таким образом, интеграл по t' в (3) снимается.

Для достаточно низких температур $\psi(Q';0)$ совпадает с волновой функцией начального основного состояния осциллятора 1 ($kT \ll h\omega_1$, где T – температура).

После интегрирования по Q в (2) находим

$$\left| \psi_2(Q;t) \right|^2 = \frac{N^2}{\sqrt{\pi}\sigma(t)} e^{-Q^2/\sigma^2(t)} \quad (4)$$

$$N^2 = \left(\frac{d_{12}F_0T_0}{h}\right)^2 \cos^2\theta, \qquad \theta = (\overline{d_{12}, F_0}), \quad (5)$$

$$\sigma^2(t) = \sigma_0^2\left(\eta^2 \cos^2 \omega_2 t + \frac{1}{\eta^2} \sin^2 \omega_2 t\right),$$

$$\sigma_o^2 = \frac{h}{m\omega_2}, \qquad \eta^2 = \frac{\omega_2}{\omega_1}.$$

Формулы (4), (5) описывают эволюцию во времени волнового пакета для движения ядра в поле адиабатичесого потенциала в электронном состоянии 2. Величина η^2 (при $\eta>1$) характеризует параметр сжатия r колебательной моды, а при $\eta<1$ роль параметра сжатия r играет величина $1/\eta^2$ $(r=(\mu+\nu)2$, μ, ν – известные параметры преобразования Боголюбова-Столера [8], $|\mu|^2-|\nu|^2 = 1$). Особенность исследуемой задачи проявляется, прежде всего, в начальном (t_o) распределении колебательных состояний $\varphi_n(Q)$ осциллятора 2, которое зависит от свойств коэффициентов C_n:

$$\psi_2(Q;t_0) = \sum_n C_n \varphi_n(Q) \quad \exp(iE_n t_0 / h), \qquad (6)$$

где E_n – энергия осциллятора в состоянии $\varphi_n(Q)$, коэффициенты C_n определяются по формуле

$$C^2{}_n = \frac{\bar{n}^n}{n!} \exp(-\bar{n}) \ ,$$

а для $\bar{n}$ получается соотношение

$$\bar{n} = \frac{\xi^2}{2\sigma^2}, \quad \xi = \omega F d\tau .$$

Безизлучательные (тепловые) переходы электрона происходят при значительном отклонении от принципа Франка-Кондона. Теория таких процессов детально разработана (см., например, [2]). Основной вклад в вероятность безизлучательного перехода вносит область квазипересечения (Q) адиабатических потенциалов начального 1 и конечного 2 электронного состояний.

Если в начальный момент времени сверхкоротким импульсом на франк-кондоновском переходе 1>2 создается сжатое колебательное состояние (т.е. формируется новая волновая функция осциллятора 2), то скорость нетепловых безызлучательных переходов медленнее чем движение пакета.

Вычислим величину сдвига в классическом пределе. Для этого воспользуемся идеей метода моментов, так что среднее в формуле (1), будем вычислять для вакуума сжатых состояний. В этом случае эффект красного смещения максимума полосы поглощения определяется выражением

$$\Delta\omega_{\max} = (\varepsilon_1 - \varepsilon_2)\frac{(h\omega_1 - h\omega_2)}{2} < \sigma_0^2 > . \qquad (7)$$

Таким образом, отличие формул (2) и (7) состоит в различном начальном распределении колебательной координаты Q: для обычных (безизлучательных переходов это известное гауссовское распределение, в то время как для сжатых состояний это суперпуассоновское распределение. Важно подчеркнуть, что ширина (дисперсия) суперпуассоновского распределения меняется во времени так, что параметры начального распределения зависят от момента t_0. При изменении волнового пакета, характеризующего классическое движение ядра в начальном электронном состоянии 2, наибольший вклад в вероятность безизлучательного перехода вносят моменты времени t_0, при которых перекрывание ядерных волновых функций $\psi_1(Q;t_0)$ и $\psi_2(Q;t_0)$ максимально. А именно, $t_0=\pi/2\omega_2$ при $\omega_1>>\omega_2$ $(\eta<<1)$, и $t_0=0$ при $\omega_1<<\omega_2$ $(\eta>>1)$ (см. подробнее [9]). В этом случае эффект красного смещения максимума полосы поглощения определяется величиной дисперсии колебательного пакета.

Эффект красного смещения при этом происходит на временах гораздо более коротких чем времена, обусловленные температурным сдвигом. Таким образом возникают условия типичные для реверсивной среды и изменение в спектрах оптического поглощения излучения, обусловленные оптическим сдвигом, вызванны достаточно быстрым движением колебательного пакета на временах сверх короткого лазерного импульса.

Теперь рассмотрим расчет второго момента полосы поглощения. В работе Лэкса [5] показано, что точный квантовый расчет коэффициента поглощения $K_{12}(\Omega)$ на пробной частоте Ω, с участием сжатого вакуума колебаний в первом порядке теории возмущениий и во втором порядке по взаимодействию может быть приведен к виду

$$K_{12}(\Omega) = -\frac{2\pi}{\eta}\int_{\infty}^{\infty}dt\exp(i(\Delta-\eta\Omega)-\frac{i}{\eta}\int_{t_0}^{t}dx(H_1-H_2))$$

$$(8)$$

Здесь 1, 2 – начальное и конечное состояния электронно - колебательной системы. Расчеты коэффициентов поглощения могут быть выполнены отдельно для различных способов приготовления сжатых колебательных состояний, как сверхкороткими импульсами, так и в условиях неадиабатических столкновений с возбуждением вращательных и колебательных степеней свободы молекул, которые которые возникают в неравновесных вихревых гидродинамических полях.

Записывая выражения для коэффициента поглощения (8) в представлении взаимодействия, переходя к классическому описанию, последовательно применяя принцип соответствия и закон сохранения энергии получаем

$$K_{12}(\Omega) = K_0 J^2_{\bar{n}(\Omega)} (\sqrt{2a\bar{n}}) \exp(-a/2), \qquad (9)$$

здесь **a** есть безразмерный параметр Стокса, характеризующий смещение адиабатических потенциалов относительно друг друга.

Полученное выражение дает результат работы [3] для коэффициента поглощения пробного излучения частоты Ω атомом водорода, взаимодействующего с когерентным излучением частоты ω . Возбуждение коротким импульсом когерентного колебания может приводить к изменению картины электронно - колебательной структуры оптических спектров молекулы на временах τ_0 размывания когерентного состояния $\tau >> \omega^{-1}$. В этом случае второй импульс с временем задержки $\tau < \tau_0$ и частотой Ω обеспечивает квантовый переход из основного электронно - колебательного состояния $1, 2...,n$ в возбужденное состояние $2,...,n'$ с той же колебательной частотой (так называемая 'основная модель'), n, n' – колебательные уровни в когерентных состояниях нижнего и верхнего осцилляторов. При этом выполняется закон сохранения энергии

$$n' = n+n^*,$$

$$n^* = \left[\frac{J_2 - J_1 - h\omega}{h\omega} \right]$$

где J_2 и J_1 есть минимумы адиабатических потенциалов состояний 1, 2; [ ] – целая часть числа. Здесь n, n' – колебательные уровни в когерентных состояниях нижнего и верхнего осцилляторов.

Обращение коэффициента поглощения в нуль (окна прозрачности) при определенных условиях отражает эффект переизлучения виртуальных фононов и связано с интерференцией парциальных волн. Ширина полос определяется величиной $\bar{n} \sim \omega F d_{12} \tau$ и растет с ростом энергии импульса создающего пакет. Характерной особенностью полосы поглощения является 'возгорание' красного крыла полосы поглощения при температурах

$kT << h\omega$, т.е. при условии $h\Omega < J_2 - J_1$, (при этих условиях 'красное крыло' обычной электронно - колебательной полосы вымерзает [3]). Этот факт может быть использован для экспериментального обнаружения оптического поглащения Ω - излучения в режиме 'ожидания'. (Реализуется постоянная подсветка излучением $h\Omega < (J_2 - J_1)$ молекулярного газа и ее поглощение в моменты облучения импусным когерентным светом). При оптических переходах из электронного состояния 1 в 2 в случае неравных колебательных частот $\omega_1 \neq \omega_2$ в молекулярных спектрах поглощения также проявляются новые линии в области $h\Omega < (J_2 - J_1)$, интенсивности которых $\sim C_n^2$, а частоты равны

$$h\Omega = J_1 - J_2 - nh\omega, \ n = 0, 1, 2, \ldots, [\frac{J_2 - J_1}{h\omega} - 1].$$

Экспериментальное обнаружение сжатого колебательного пакета может проявляться также в том, что числа заполнения осциллятора n распределены по суперпуассоновскому закону. При анализе спектра активной спектроскопии комбинационного рассеяния [10] оптического излучения молекулой имеет место ассиметрия контура спектральной линии поглощения. Как правило антистоксовский сигнал слабее стоксовского в отсутствии 'сжатых' состояний, что обьясняется оптической нутацией. Когда же есть 'сжатые' состояния, то интенсивности сигналов выравниваются. В эксперименте можно следить за изменением во времени отношения интенсивностей сигналов в зависимости от параметров сжатого состояния и следить за динамикой процесса эволюции колебательного пакета. Это обстоятельство может быть также использовано для разделения смеси изотопов или обогащения одной смеси другой, так как колебательные частоты изотопов заметно различаются [11].

Отметим, что данный эффект реверсивной среды тесно связан с созданием инверсной заселенности в молекулярных средах, используя только неравновесные газодинамические струи и течения в соплах [12], где 'сжатые' состояния возникают в результате реализации в среде неравновесных кинетических условий реверсивности. Используют для этого гиперзвуковые струи и сопла для расширения газа в вакуум, ударные трубы и различные вихревые расширительные устройства. Создают условия хаоса, в котором трубки тока газа, жидкости принимают спиральную форму, отдельные траектории молекул, также становятся спиральными, на них выполняются законы сохранения полной энергии, линейного момента, а также углового момента. Поступательная энергия переходит во вращательную и затем в колебательную, возбуждая неадиабатические столковительные электронно-колебательные переходы с переносом заряда и энергии, как многоквантовые безизлучательные тепловые и нетепловые переходы. Возникают молекулярные кластерные системы с мягкими и жесткими модами. Подобные явления сопровождаются образованием и распадом кластеров, фрактальными нуклеациями , неравновесной конденсацией и фазовыми переходами, подпороговыми сильно запрещенными электронно- ядерными взаимодействиями , которые ведут в значительному превращению , накоплению химической энергии и входят в круг задач современной механики жидкости, газа и плазмы [13]. Определяя сдвиг полосы можно определить и тепловыделение.

Литература

1. R. W. Pohl. Proc. Phys., v.49 p. 3, 1937.
2. В. А. Коварский, Н. Ф. Перельман, И. Ш. Авербух. Многоквантовые процессы. Энергоатомиздат , Москва, 1985.
3. В. А. Коварский. Письма в ЖТФ , том 20 , вып. 24, с.59, 1994.
4. К. К. Ребане. Элементарная теория колебательной структуры спектров примесных цетров кристаллов М. , Наука, 1968, 232с.
5. M. Lax Journ. Chem. Phys., v. 20 , n .11, p. 1752 , 1952.
6. J. Jansky, P. Adam, An. Vinogradov and T. Kobayashi. Chem Phys.Lett v213 p368 1993.
7. В. А. Коварский. ЖЭТФ , 1996, том 110, вып. 4 (10), стр. 1216-1227.
8. В. П. Быков. УФН , т.161, с.145 , 1991.
9. I. R. Graham. Mod. Opt. V34, 873 (1987).
10. С. А. Ахманов, Н. И. Коротеев. Методы нелинейной оптики в спектроскопии
    рассеяния света. М., Наука , 1982.
11. В. А. Коварский, А. В. Белоусов, О. Б. Препелица. Письма в ЖТФ, 1998, т. 24, т. 13.
12. K. Koura. Phys Fluids, 1981, v 24, n 4 , p 583-587.
13. Taleyarkhan R. P., West C. D. , Cho J. S. Lahey R. T. Jr, Nigmatullin R. I., Blok R. C. Science 2002, v. 295. 1868.

Колесник Р.Э.

Полевая ионизация кластеров воды, неподвижных на межфазных границах

Аннотация

Рассматривается ионизация кластеров воды неподвижных на межфазных границах раздела в условиях неравновесного потока жидкости, как безызлучательный переход, на основе многоквантовой теории переходов. Такой режим реализуется в пузырьковых средах. Учтен эффект изменения дипольных моментов кластеров при переходе. Получено выражение для вероятности полевой ионизации кластеров воды хемосорбированных на поверхности раздела фаз.

Физические свойства жидкости могут обратимо изменяться в результате ее структурирования на основе механической обработки, особенно , при вращениях ассимметричной жидкости создается механизм обмена между внешними и внутренними степенями свободы молекул, когда возбуждаются низкочастотные моды колебаний. При этом значения относительной статической диэлектрической проницаемости, теплоемкости, вязкости, теплопроводности, диффузии других показателей переноса структурированной среды могут существенно отличаться от справочных равновесных значений (например, для обычной воды). Причиной этих отличий служат протекание химических реакций и физических процессов на молекулярном уровне, связанных с выделением тепла, идущих с отклонением от равновесного больцмановского распределения молекул воды по внутренним степеням свободы. Молекулы воды можно рассматривать как несимметричные волчки. Последнее объяснение представляется наиболее реалистичным и макроскопически наблюдается как кавитационное явление. Развитая кавитация во вращающейся жидкости (в каждом кубическом миллилитре жидкости содержится до 105 кавитационных каверн со средним диаметром около 10 мкм) создаёт обширные поверхности раздела фаз. Диэлектрическая проницаемость ε воды в тонкой пленке или в капле значительно меньше диэлектрической проницаемости воды в свободном объеме.

При уменьшении толщины d плоского слоя воды от 40 до 10 мкм, ее относительная диэлектрическая проницаемость монотонно убывает от номинального равновесного значения $\varepsilon=81$ до значения $\varepsilon=10\pm3$, т.е. уменьшается почти на порядок. Высокая величина статической диэлектрической проницаемости неструктурированной воды связана с высокими значениями дипольных моментов кластеров $(H_2O)n$ и кластерных ионов.

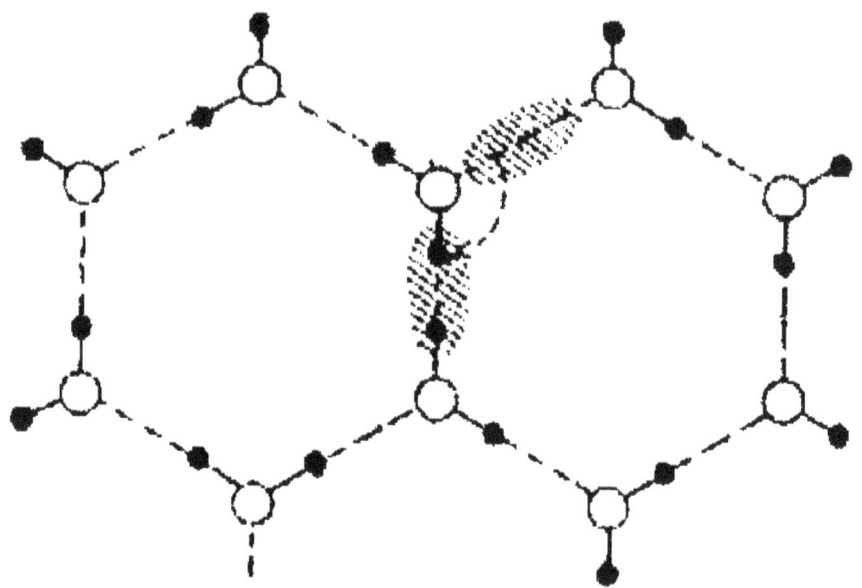

Рис.1 Кластеры воды на границе фаз в потоке.

Уменьшение диэлектрической проницаемости воды в тонком слоев влечёт понижение ориентационной восприимчивости и частичное "замораживание" в приповерхностных областях результирующих дипольных моментов кластеров.

Толщина поверхностного слоя воды, в котором частично сохраняется дальний порядок молекул, составляет $\approx 0,5do$ (20 мкм), а толщина частично упорядоченного поверхностного слоя капли воды $\approx 0,5Do$ (30 мкм). Эффективные толщины поверхностных слоев для плоской поверхности и капли составляют около 11 мкм и 16 мкм,соответственно. При убывании d и D, значение диэлектрической проницаемости воды в пределе стремится к величине ε_{min}, близкой к диэлектрической проницаемости $\varepsilon_\text{л}$ льда в его наиболее распространенной кристаллической модификации I: $\varepsilon_{min} \approx \varepsilon_\text{л}$.

В динамических условиях потока возникают переменные электрические поля. При $d < do$, $D < Do$ удельная теплоемкость $c_\text{в}$, может приближаться к параметрам твердой фазы, т.к. удельная теплоемкость воды в 2 раза превышает удельную теплоемкость льда [1].

Процессы в кластерах очень сложные и позволяют только формулировать простые физические модели. Например, ионизацию можно сформулировать в рамках многоквантового механизма (многофононного) переноса заряда.

Рассмотрим ионизацию как безизлучательный переход на основе адиабатического аппроксимации, которая позволяет отделить быстрые движения электронов от медленного движения ядер. Адиабатические потенциалы на рис. 2 по координате реакции. Состояние 1 относится к кластеру ассоциату на поверности раздела фаз. Соостояние 2 относится к отталкивательному потенциалу ионизированного кластера. Цель данной работы - показать скорость реакций ионизации на неподвижной границе. Особенностью случая является то , что необходимо взять в рассмотрение роль переменного электромагнитного поля, сгенерированного границей раздела фаз, влияющего на элементарную реакцию процесса, особенно потому что кластеры воды имеют большой дипольный момент 100-1000 Дебай. Для расчета вероятности перехода разность дипольных моментов основного состояния 1 и конечного электронного состояния 2 важна. Рассмотрим вероятность ионизации кластера переменным полем согласно работе [2]

$$\Delta \vec{d} = \vec{d}_1 - \vec{d}_2 \ . \tag{1}$$

Разность возникает из-за перестройки кластера при квантовом переходе $1 \to 2$. Дипольныйй момент полярных молекул в состояниях i электронных полярных молекул таковы:

$$\vec{d}_i = d_i^{(0)} + d_i^{(1)} q, \ i = 1, 2; \tag{2}$$

d_i^0 - электронная часть дипольного момента полярной молекулы,

dq - дипольный момент q колебания, величина d включает в себя $\sqrt{\dfrac{h}{m\omega}}$ — фактор имеющий размерность длины,

m - масса осциллятора с частотой ω ,

q - безразмерная координата.

Для простого случая q классических колебаний имеет форму

$$q = q_0 \cos(\omega t + \varphi). \tag{3}$$

Формула (3) соответствует классическим движениям ядер $\hbar\omega < kT$, T - термодинамическая температура и k - постоянная Больцмана).

Энергия взаимодействия H_i' между дипольным моментом и электрическим полем d имеет форму

$$H_i' = \vec{d}_i^{(0)}\,\vec{F} + \vec{d}_i^{(1)}\,\vec{F}\,q_0 \cos(\omega t + \varphi). \tag{4}$$

Как следует из формулы (4), второе слагаемое этой формулы имеет вид энергии взаимодействия между постоянным дипольным моментом и переменным электрическим классическим полем

$$\vec{F} = \vec{F} \cos(\omega t + \varphi). \tag{5}$$

Поскольку теория многоквантовых переходов под действием переменного электрического поля достаточно развита, то мы можем использовать следствия этой теории для случая классического описания колебаний.

Для вероятности перехода $W_{12}^{(n)}$ с участием квантов электрического поля из 1 состояния в состояние 2 на рис. 2 имеет такой вид:

$$W_{12}^{(n)} = W_{12}^{(0)} J_n^2(\rho_0),$$

$$\rho_0 = \frac{1}{\hbar\omega}(\vec{d}_1^{(1)} - \vec{d}_2^{(1)})Fq_0,$$

$$n = [\frac{\Delta_{12}}{\hbar\omega}] + 1, \quad \Delta_{12} = \varepsilon_2 - \varepsilon_1.$$

Здесь Δ_{12} - энергетическая щель в электронном переходе $1 \to 2$, $J_m(x)$ - функция Бесселя реального аргумента, $[A]$ - целая часть числа A и $J_m(x)$ - энергии i электронных состояний 1 и 2 соответственно.

Когда выводили формулу, мы получили интеграл следующего типа:

$$\int_{-\infty}^{\infty} \exp\{\frac{i}{h}\Delta_{12}t - (n-1)\omega t\}dt = 2\pi\delta(\frac{\Delta_{12}}{h} - (n-1)\omega),$$

где n - целое число, если состояние 2 принадлежит непрерывному

спектру $\varepsilon_2 \to \varepsilon_1 + [(\frac{hK^2}{2m_0})]$, здесь m_0 - масса электрона. Затем

интегрированием по конечным состояниям, δ - функция удаляется

и для n получается условие $n = [\frac{\Delta_{12}}{h\omega}] + 1$. Числу n

соответствует минимальное число фотонов частотой ω переменного поля, необходимое для ионизации кластера.

Для малых интенсивностей поля F, $\rho_0 = 1$, тогда получаем $W_{12}^{(n)} : \rho_0^{2n}$.

Для $\rho_0 \geq 1$ вероятность перехода соответствующему ионизации $W_{12}^{(n)}$ резко возрастает как функция ρ_0.

Поскольку для кластеров воды интенсивность поля $F : 10^6 - 10^7 \frac{в}{см}$, $\omega = 200\,\text{см}^{-1}$, то $\rho_0 \geq 1$ и $(d_1^{(1)} - d_2^{(1)})q_0 \approx 0.1 - 1D$. Таким образом, ионизация неподвижных кластеров на поверхностях раздела фаз водяных пузырей идет со значимой вероятностью и свободных электронов в обьеме достаточно для обеспечения процессов с участием свободных электронов.

Литература

1. Вигасин А. А. Молекулярные свойства ассоциатов воды. Обзоры по технологическим свойствам веществ. ТЦФ -М. ИВТАН, 1981 г. №1, (27) , с. 58-116.
2. Коварский В. А. ЖЭТФ, 1969 г., т. 57 , вып. 4 , стр. 1217-1223.

Недосекин Ю.А.

Зависимость массы тела от его расстояния до гравитационного центра притяжения

Аннотация

Получена зависимость массы тела от его расстояния до центра гравитационного притяжения, создающего поле центральных сил. На основе этой зависимости записано новое выражение для потенциальной энергии тела в данном поле.

Из соотношения Эйнштейна $E = mc^2$ следует, что кинетическая энергия обладает массой, от которой согласно принципу эквивалентности зависит величина силы гравитационного взаимодействия. Основываясь на этом положении и на законе тяготения Ньютона, выведем закон изменения массы тела в зависимости от его расстояния до центра притяжения, создающего поле центральных сил.

Пусть $\widetilde{m}_0, v_0, r_0$ – начальные значения массы, скорости и расстояния от тела до центра притяжения, r – расстояние между телом и центром притяжения, m – масса тела. В силу вышесказанного изменение массы тела запишем в виде:

$$dm = -\frac{Fdr}{c^2}, \quad F = \frac{GmM_0}{r^2} \ .$$

Тогда

$$dm = -\frac{GmM_0}{c^2 r^2}dr \quad \Rightarrow \quad \int \frac{dm}{m} = -\frac{GM_0}{c^2}\int \frac{dr}{r^2} + C \ , \quad \text{где} \quad M_0$$

– масса центра притяжения, $C = const$. Интегрируя и учитывая начальные значения $r = r_0$, $m = \widetilde{m}_0$, $v = v_0$, получим

$$m = \widetilde{m}_0 e^{\frac{r_g}{r} - \frac{r_g}{r_0}} \ , \tag{1}$$

где $\widetilde{m}_0 = m_0 \big/ \sqrt{1 - \beta_0^2}$, $r_g = GM_0 \big/ c^2$, $\beta_0 = \dfrac{v_0}{c} = const$,

m_0, v_0 – масса покоя тела и его начальная скорость при $r = r_0$ соответственно, G – постоянная тяготения, c – скорость света.

С учетом формулы (1), закон тяготения Ньютона в поле центральных сил запишем в виде

$$F = \frac{G\tilde{m}_0 M_0}{r^2} e^{\frac{r_g}{r} - \frac{r_g}{r_0}} . \qquad (2)$$

На основе закона (1) выведем теперь формулу для потенциальной энергии тела. Выбор уровня нулевого значения потенциальной энергии в общем случае является произвольным, исходя из физического смысла рассматриваемой задачи. При гравитационном взаимодействии точечных тел потенциальная энергия принимает нулевое значение при бесконечно большом расстоянии между ними, что непосредственным образом вытекает из ее определения. Поскольку в классической механике массы взаимодействующих тел считаются постоянными, то такой выбор нулевого уровня потенциальной энергии пригоден для всех задач небесной механики.

Если же учитывать изменение массы тела по закону (1), то выбор нулевого уровня потенциальной энергии на бесконечности приведет к неправильному решению задачи о движении тела в центральном поле по эллиптической орбите. Это связано с тем, что полная энергия тела в этом случае отрицательна. Для того, чтобы орбита стала эллиптической при движении тела из бесконечности, необходимо, чтобы часть кинетической энергии была потеряна. Но потеря части кинетической энергии приведет и к соответствующей потере массы этого тела, в результате чего значение массы тела не будет соответствовать формуле (1).

С учетом того, что существует закон изменения массы (1), будем считать, что потенциальная энергия тела в поле центральных сил принимает свое нулевое значение при $r = r_0$. Это позволит рассматривать все задачи небесной механики как при движении тела из бесконечности, так и при его движении от любого занимаемого им положения. Поскольку потенциальная энергия тела равна изменению его кинетической энергии, взятому с противоположным знаком, то с учетом закона (1) она запишется в следующем виде

$$U(r) = -(m - \tilde{m}_0)c^2 = \tilde{m}_0 c^2 \left(1 - e^{\frac{r_g}{r} - \frac{r_g}{r_0}} \right) , \qquad (3)$$

где

$$U(r) < 0, \quad r < r_0; \quad U(r) = 0, \quad r = r_0; \quad U(r) > 0, \quad r > r_0.$$

Недосекин Ю.А.

Еще раз о парадоксе часов в специальной теории относительности

Аннотация

Дан анализ доказательства ошибочности утверждения о существовании парадокса часов в специальной теории относительности. Проведенный анализ показал неизбежность существования парадокса часов в специальной теории относительности, вытекающего из логических рассуждений. Предложена симметричная схема движения часов в мысленном эксперименте, из результатов анализа которого со всей убедительностью вытекает существование парадокса часов в специальной теории относительности.

1. Несимметричная схема движения часов

На парадокс часов в специальной теории относительности (СТО) указал еще Эйнштейн в своей первой работе по СТО, который также был подробно рассмотрен в 1911 году Ланжевеном. В последующие годы этот парадокс многократно обсуждался и сторонники СТО доказывали, что он не противоречит СТО. Образец такого доказательства мы находим, например, у М. Борна [1]: "... парадокс часов есть результат ошибочного применения специальной теории относительности, именно ее применения к случаю, когда следует использовать общую теорию", (стр. 428). Здесь Макс Борн имеет ввиду общую теорию относительности.

Приверженцы СТО доказывают, что отстают только те часы, которые движутся относительно часов, расположенных в инерциальной системе отсчета (ИСО). Следуя М. Борну [1], пусть часы A покоятся относительно ИСО, а часы B движутся с релятивистской скоростью относительно часов A. Тогда согласно СТО часы B отстанут от часов A. Если же теперь рассмотреть движение часов A относительно часов B, что и используют противники СТО, то возникает парадокс часов. Но, как замечает М. Борн [1, стр. 316], этого делать нельзя, поскольку система отсчета, связанная с часами B, является ускоренной, в то время как при движении часов B относительно часов A система отсчета, связанная с часами A, является инерциальной. Полное доказательство ошибочности выводов противников СТО дано М. Борном на стр. 422-428. Из выполненных вычислений вытекает, что в обоих рассматриваемых случаях отстают часы B, а часы A всегда уходят вперед. Таким образом М. Борн "отстоял" справедливость СТО, "показав" при этом ошибочность выводов ее противников.

Но не будем хлопать в ладоши релятивистскому доказательству М. Борна, ошибочность которого очевидна. Ошибочность этого доказательства состоит в том, что М. Борн учитывает общее интегральное время, затраченное часами A от момента начала их движения до момента их возвращения в исходную точку, в которой находятся неподвижные часы B. Но часы A и B совершают свой ход во все моменты времени – это есть непрерывный физический процесс. Поэтому мы вправе сравнивать показания этих часов в любые моменты времени их движения. Увлекшись подсчетом интегрального времени для движущихся часов A, М. Борн, сам того не подозревая, использовал при доказательстве парадокс часов.

1-й случай. Часы A покоятся относительно некоторой инерциальной системы отсчета, а часы B совершают путешествие. Согласно СТО при возвращении часов B в место нахождения часов A они покажут свое отставание от часов A.

2-й случай. Часы B считаем покоящимися, а часы A – движущимися относительно них в противоположном направлении с той же по величине скоростью, что соответствует изменению системы отсчета.

М. Борн [1, стр. 426–428] подсчитывает полное показание часов A при их движении от момента начала движения до момента возвращения в исходную точку, в которой находятся неподвижные часы B.

Вот ошибка М. Борна (стр. 427):

"В течение же тех интервалов времени, когда наблюдатель A движется равномерно и к нему следует применять специальный принцип относительности, часы наблюдателя A, наоборот, должны отставать от часов B …"

Но на этом же участке пространства, вновь поменяв систему отсчета (часы A – неподвижны, а часы B движутся), приходим к заключению об отставании часов B относительно часов A.

Вот вам и парадокс часов в СТО, который многим представляется вполне очевидным и вытекающим из логической невозможности отставания обоих часов одновременно относительно друг друга.

Сторонники же СТО, как это проделал М. Борн, используют парадокс часов для доказательства его отсутствия. Комментарии, как говорится, излишни.

Ведь противники СТО, говоря о возникающем парадоксе часов, имеют ввиду движения часов A и B на тех участках, на которых эти часы движутся равномерно и прямолинейно в течение достаточно длительного времени. И на этих участках обе системы A и B являются инерциальными. Так что возражение М. Борна, что система отсчета, связанная с часами B, является ускоренной, на этих участках неверно. Именно на этих участках и возникает парадокс часов, который сторонниками СТО искусственно выводится из рассмотрения. Дескать для выяснения того, какие часы отстают, надо обязательно сравнить часы, а без ускоренных движений здесь не обойтись. На этом и основано доказательство М. Борна и ему подобных якобы возникающего противоречия в ходе часов.

Но надо ли сравнивать часы? Отнюдь нет. Мы вправе использовать специальный принцип относительности для анализа хода часов, находящихся в равномерном и прямолинейном движении относительно друг друга. И этот анализ приводит нас к парадоксу часов. Не могут каждые из двух часов, находящихся в разных ИСО, отставать относительно друг друга – это следствие логических рассуждений.

Данное следствие СТО является ее внутренним и неустранимым противоречием.

Выяснение внутренних противоречий в физической теории является прерогативой логики, а не опыта. И если логика приводит к парадоксу, то в рассматриваемой теории неверны некоторые из ее положений, что мы и наблюдаем в парадоксе часов СТО.

Утверждение об отставании только одних часов на достаточно длительном промежутке времени противоречит принципу относительности, поскольку в этом случае рассматриваемые ИСО являются неравноправными. Самому Эйнштейну следовало бы сразу же признать возникшее противоречие этого следствия СТО с логикой и тогда развитие физики пошло бы по другому пути. Сподвижники Эйнштейна по разным причинам также проглотили возникшее противоречие как горькую пилюлю и делали вид, что все в порядке. В результате вот уже 100 лет физика находится в плену ложных представлений о явлениях, происходящих в движущихся с релятивистскими скоростями системах отсчета.

2. Симметричная схема движения часов.

Несимметричная схема движения часов A и B, описанная в предыдущем пункте, позволила объяснить парадокс часов с позиции общей теории относительности (ОТО).

Рассмотрим теперь случай симметричного движения часов относительно ИСО. Пусть из точки C, покоящейся относительно ИСО, начинают двигаться двое одинаковых часов A и B с одинаковой по величине скоростью в противоположных направлениях. Согласно СТО каждые из этих часов при своем движении будут отставать от покоящихся часов C. При возвращении в точку C часы A и B покажут отставание от часов C и это отставание для обоих часов A и B будет одинаковым в предположении, что ими были пройдены одинаковые пути, что всегда выполнимо в мысленных экспериментах. Следовательно по отношению друг к другу часы A и B не изменили свой ход.

Рассмотрим теперь, например, движение часов A относительно часов B и применим в этом случае тот же самый анализ с использованием положений ОТО, которым воспользовался М. Борн в предыдущем пункте. Согласно этому анализу часы A уйдут вперед на некоторую величину.

Аналогично можно считать покоящимися и часы A и рассматривать относительно них движение часов B. Проделав аналогичные вычисления, что и для часов A в предыдущем случае, получим, что часы B уйдут вперед на такую же величину, что и для часов A в предыдущем пункте.

Следовательно, такое совпадение уже само по себе убедительно доказывает существование парадокса часов в СТО, поскольку движение часов относительно ИСО и относительно друг друга полностью идентично.

В этих двух случаях использование положений ОТО привело для обоих часов A и B к одинаковой разнице их хода по отношению друг к другу, чем и доказывается существование парадокса часов в СТО.

Литература

1. М. Борн. Эйнштейновская теория относительности. Стр. 303-317, 422-428. М.: "Мир", 1964.

Недосекин Ю.А.

Погрешность в классической теории взаимодействующих тел

Аннотация

Показано, что в замкнутой системе взаимодействующих тел, массы которых зависят от времени, центр масс системы этих тел совершает сложное движение в инерциальной системе отсчета, в которой суммарный импульс системы равен нулю.

Для замкнутой системы N взаимодействующих тел из 2-го закона Ньютона вытекает следствие

$$\sum_{i=1}^{N} \frac{d\overline{p}_i}{dt} = 0 \quad \Rightarrow \quad \sum_{i=1}^{N} \overline{p}_i = \overline{P}_0 = \overline{const} \, , \tag{1}$$

где $\overline{p}_i = m_i \overline{v}_i$ – импульс i-го тела, $m_i, \overline{v}_i$ – его масса и скорость соответственно.

Выражение $\sum_{i=1}^{N} \overline{p}_i = \overline{P}_0 = \overline{const}$ характеризует собой закон сохранения импульса замкнутой системы тел.

Классическая механика трактует это обстоятельство таким образом:

центр масс замкнутой системы движется равномерно и прямолинейно, а ее внутренние силы не могут изменить его скорости.

С этим можно согласиться только в том случае, если массы тел замкнутой системы не зависят от времени. Если же массы тел зависят от времени, то, как будет показано ниже, центр масс замкнутой системы тел совершает сложное движение.

Если перейти в инерциальную систему отсчета, в которой $\overline{P}_0 = 0$ (что всегда можно выполнить), то из (1) получим

$$\sum_{i=1}^{N} m_i \overline{v}_i = \sum_{i=1}^{N} m_i \frac{d\overline{r}_i}{dt} = 0 \, . \tag{2}$$

Обращаем особое внимание на то, что из уравнения движения замкнутой системы тел выводится равенство (2), являющееся основой для получаемых из него следствий.

Центр масс системы тел определяется уравнением

$$\sum_{i=1}^{N} m_i \overline{r}_i = m\overline{R} \ , \tag{3}$$

где $m = \sum_{i=1}^{N} m_i$ – общая масса всех тел замкнутой системы;

$\overline{R}$ – радиус-вектор центра масс, имеющий начало в произвольной точке O; $\overline{r}_i$ – радиус-вектор тела m_i с началом в той же точке O.

Если в выражении (3) массы тел не зависят от времени, то дифференцируя его по времени, получим

$$\sum_{i=1}^{N} m_i \frac{d\overline{r}_i}{dt} = m\frac{d\overline{R}}{dt} = m\overline{V} = \overline{P}_0 \ , \tag{4}$$

где $\overline{V}$ – скорость движения центра масс. Равенство (4) эквивалентно равенству (1) и выражает закон сохранения импульса замкнутой системы тел в трактовке классической механики.

Если же в выражении (3) массы тел зависят от времени, $m_i = m_i(t)$, то дифференцируя (3) по времени, получим

$$\sum_{i=1}^{N} m'_i \overline{r}_i + \sum_{i=1}^{N} m_i \frac{d\overline{r}_i}{dt} = m\frac{d\overline{R}}{dt} \ . \tag{5}$$

Учитывая равенство (2), получим

$$\sum_{i=1}^{N} m'_i \overline{r}_i = m\frac{d\overline{R}}{dt} \ . \tag{6}$$

Равенство (6) свидетельствует о сложном движении центра масс замкнутой системы при выполняющемся условии (2).

Таким образом, *если $m_i = m_i(t)$, то при импульсе замкнутой системы, равным нулю, происходит сложное движение ее центра масс.*

Этот вывод существенным образом отличается от вывода классической механики, упомянутого выше.

Поскольку в классической механике массы m_i считаются постоянными, не зависящими от времени, то из (2) при соответствующем выборе системы координат следует

$$\sum_{i=1}^{N} m_i \bar{r}_i = 0 \ . \tag{7}$$

Однако в начале XX века стало известно, что массы тел зависят от скоростей их движения (а следовательно от времени), вследствие чего равенство (7) из выражения (2) не может быть получено. И хотя для малых скоростей движущихся тел погрешность нарушения равенства (7) невелика, но при описании движения тел на длительном отрезке времени возникнут ощутимые расхождения с наблюдениями. При описании эволюции планетных систем на космогонических интервалах времени, кроме гравитационных сил, учитывают малые диссипативные и приливные силы, влияние которых оказывается весьма ощутимым. Также и погрешность нарушения равенства (7) является фактором, влияющим на эволюцию планетных и звездных систем на космогонических промежутках времени. В теориях двух, трех и более тел равенство (7) используют как точное с точки зрения классической механики, что является недопустимым по указанным выше причинам. Поэтому в задачах многих взаимодействующих тел целесообразно равенство (7) не использовать, что конечно приведет к усложнению расчетов, но зато избавит от погрешностей вычислений в указанном аспекте.

Рассматривая движение двух взаимодействующих тел, из выражения (2) получим

$$m_1 \frac{d\bar{r}_1}{dt} + m_2 \frac{d\bar{r}_2}{dt} = 0 \ , \tag{8}$$

где массы m_1 и m_2 считаем зависящими от времени. В общем случае два взаимодействующих тела движутся вдоль линии их соединения, вращающейся в некоторой плоскости.

Поставим вопрос: *будет ли центр этого вращения неподвижным?*

Классическая механика, в предположении независящих от времени масс, отвечает на этот вопрос утвердительно. С ее точки зрения этот неподвижный центр существует и находится в центре масс взаимодействующих тел. Но, как было показано выше, с учетом существующей зависимости масс от времени, такой ответ классической механики нас более удовлетворить не может. Мы показали, что в этом случае центр масс совершает сложное движение, описываемое выражением (6).

Предположим однако, что такой неподвижный центр существует (точка O) и что он расположен на линии, соединяющей оба тела. Выберем положительное направление оси Ox, вдоль которой направлен единичный вектор $\bar{n}$. Пусть радиус-векторы двух взаимодействующих тел соответственно равны $\bar{r}_1 = -r_1\bar{n}$ и $\bar{r}_2 = r_2\bar{n}$. Расстояние между телами равно $\bar{r} = \bar{r}_2 - \bar{r}_1 = (r_2 + r_1)\bar{n}$.

Подставив эти радиус-векторы в уравнение (8), получим

$$-m_1\left(r_1'\bar{n} + r_1\frac{d\bar{n}}{dt}\right) + m_2\left(r_2'\bar{n} + r_2\frac{d\bar{n}}{dt}\right) = 0 , \qquad (9)$$

где $\dfrac{d\bar{n}}{dt} \perp \bar{n}$, $\dfrac{d\bar{n}}{dt} \neq 0$. Умножая равенство (9) скалярно на $\bar{n}$ и $\dfrac{d\bar{n}}{dt}$ поочередно, получим

$$-m_1 r_1' + m_2 r_2' = 0 , \qquad (10)$$
$$-m_1 r_1 + m_2 r_2 = 0 . \qquad (11)$$

Равенство (11) является условием центра масс системы двух тел, когда начало координат выбрано в точке O, расположенной в центре масс этих тел. Умножив равенство (11) на вектор $\bar{n}$, получим

$$m_1\bar{r}_1 + m_2\bar{r}_2 = 0 . \qquad (12)$$

Равенство (12), в предположении существования неподвижного центра масс, было получено чисто математически из выражения (2), в котором массы m_i могут зависеть и от времени, в отличие от классической механики. Следовательно для двух тел равенство (12) совпадает с равенством (7), но равенство (12) более сильное, так как массы m_i могут зависеть от времени.

Продифференцировав равенство (11) по времени и учитывая равенство (10), получим еще одно равенство

$$-m_1' r_1 + m_2' r_2 = 0 . \qquad (13)$$

Поделим равенства (13) и (11) друг на друга: $\dfrac{m'_1}{m_1} = \dfrac{m'_2}{m_2}$, откуда

после интегрирования и учета начальных значений, получим

$$\frac{m_1}{m_2} = \frac{\tilde{m}_{01}}{\tilde{m}_{02}} = const \ , \tag{14}$$

где $\tilde{m}_{01}$ и $\tilde{m}_{02}$ – значения масс движущихся тел в момент времени $t = t_0$.

В предположении существования неподвижного центра (точка O), вокруг которого вращается линия, соединяющая два взаимодействующих тела, мы получили равенства (10), (11), (13), следствием которых является соотношение (14). Остается теперь проверить: выполняется ли соотношение (14) в задаче двух тел?

Поскольку это соотношение было получено при произвольном значении скорости $\dfrac{d\overline{n}}{dt}$ вращения вектора $\overline{n}$, то при достаточно малом значении этой скорости движение двух тел происходит вдоль сильно вытянутого эллипса.

Пусть в начальный момент времени два тела с сильно различающимися массами находились на достаточно большом расстоянии друг от друга и их начальные скорости были невелики. Тогда в этом случае с высокой точностью выполняется соотношение

$$\frac{\tilde{m}_{01}}{\tilde{m}_{02}} = \frac{m_{01}}{m_{02}}, \tag{15}$$

где m_{01}, m_{02} – массы покоя тел. Пусть для определенности $m_{01} \ll m_{02}$, тогда при положении этих тел, находящихся друг от друга на наименьшем расстоянии (перигелий), они будут иметь скорости движения

$$v_1 \gg v_2 \quad \Rightarrow \quad \frac{v_1}{v_2} \gg 1 \ . \tag{16}$$

Подставив в (14) известные зависимости масс тел от скоростей их движения и учитывая равенство (15), получим

$$\sqrt{\frac{1-\beta_2^2}{1-\beta_1^2}} \cdot \frac{m_{01}}{m_{02}} = \frac{m_{01}}{m_{02}} \quad \Rightarrow \quad \beta_1 = \beta_2 \text{ или } v_1 = v_2. \quad (17)$$

Равенства (16) и (17) противоречат друг другу, следовательно наше предположение о существовании неподвижного центра масс при рассмотрении движения двух тел, массы которых зависят от времени, оказалось неверным. А из этого следует невозможность выполнения равенства (7) для произвольной замкнутой системы взаимодействующих тел.

Таким образом мы доказали, что *для замкнутой системы взаимодействующих тел, массы которых зависят от времени, равенство* $\sum\limits_{i=1}^{N} m_i \bar{r}_i = 0$ *не выполняется.*

Серия: **ЭНЕРГЕТИКА**

Хмельник С.И.

Процессор для потокораспределения

Аннотация

Для решения задачи потокораспределения в энергосистеме предлагается разработать специализированный процессор и с его использованием модифицировать компьютерную систему для диспетчерского управления.

Оглавление

1. Общие замечания

Существует технология разработки процессора [1-5], в котором операции с комплексными числами выполняются на аппаратном уровне. В дальнейшем этот процессор называется **CAU**.

Известно, что

- качество и экономичность энергоснабжения определяются качеством решений диспетчера, которые, в свою очередь, существенно зависят от <u>периодичности</u> решения расчетных задач,

- большинство электротехнических задач, решаемых при управлени энергосистемой, может быть представлено в виде операций с <u>комплексными числами</u>.

Эти обстоятельства определяют целесообразность применения **CAU** в электроэнергетике. Наш анализ показывает, что быстродействие при решении электротехнических задач на **CAU** возрастает в **10** и более раз – см. ниже.

Было бы неразумным предлагать замену существующих в энергосистемах компьютеров на **CAU**. Поэтому предлагается использовать **CAU** как *процессор-сателлит*, предназначенный исключительно для решения основных электротехнических задач. Фактически, такой процессор может выступать в роли "*аппаратной подпрограммы*", выполняющейся параллельно с другими расчетами. При этом быстродействие системы в целом возрастет благодаря тому, что

- время решения задачи потокораспределения сокращается в 10 и более раз,
- основной компьютер освобождается для решения других задач управления энергосистемой.

Далее характеризуются задачи, которые беспрерывно решаются при управлении энергосистемой. Среди них первичной задачей является расчет потокораспределения. Этот расчет производится при решении всех других задач и занимает много машинного времени. Сокращение этого времени (при использовании указанной технологии) позволяет решать указанные задачи с меньшими интервалами в реальном времени. Уменьшение периодичности решения этих задач непосредственно и качественно влияет на экономичность и надежность энергоснабжения. Более того, уменьшение времени решения снижает опасность катастрофических аврий в энергосистеме.

Итак, целесообразно для расчета потокораспределения разработать процессор-сателлит, включающий со-процессор CAU – см. ниже.

2. Задачи управления энергосистемами
2.1. Задача потокораспределения

Задача потокораспределения задача заключается в следующем – см. рис. 1. Энергосистема определена как множество узлов генерации и нагрузки, соединенных линиями электропередач. Средняя энергосистема содержит 1000 элементов. Известны значения узловых мощностей. Необходимо найти токи, напряжения, потенциалы и мощности перетоков. Все данные и неизвестные – комплексные числа. Для определения неизвестных неоходимо решить систему нелинейных уравнений большой размерности. Эта система обычно решается итеративным методом Ньютона-Рафсона. При этом на каждой итерации необходимо решать систему линейных уравнений с комплексными числами. Такая система решается обычно методом исключений Гаусса. В применении к типичной энергосистеме такое решение требует 7*N сложений, 7*N умножений, 2*N делений комплексных чисел. Подготовка данных для системы линейных уравнений на каждой итерации требует около 30*N различных операций с комплексными числами, среди которых есть и тригонометрические вычисления.

Система линейных уравнений с комплексными числами может быть переписана в виде системы линейных уравнений с комплексными матрицами 2*2 [6]. При этом размерность системы уменьшается вдвое, но появляется необходимость в операциях с комплексными матрицами – сложение, умножение, обращение. Предлагаемый комплексный процессор выполняет перечисленные операции с комплексными числами и комплексными матрицами по единственной машинной команде. Ниже показано, как сокращается при этом время вычислений.

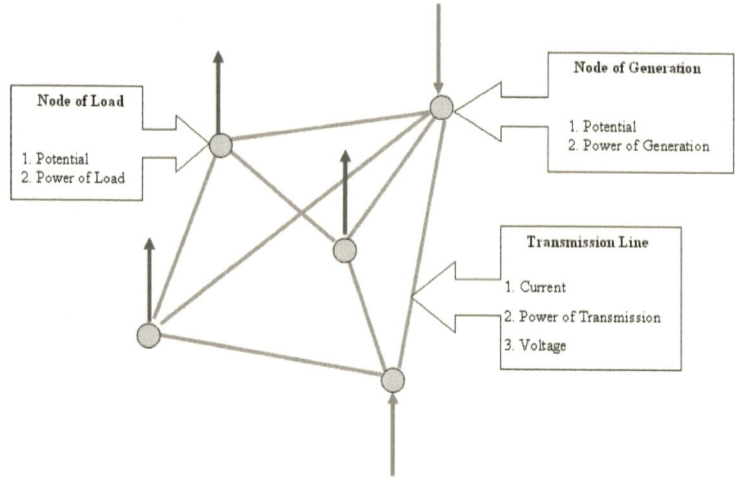

Рис. 1.

2.2. Оценка состояния электрической сети

Эта задача возникает из-за того, что 1) не все параметры электрической сети можно измеритьть, например, фазовые углы, 2) не все параметры измеряются из-за высокой стоимости измерительной и телеметрической аппаратуры, 3) при измерениях возможна потеря и искажение информации. Математически задача сводится к решению системы нелинейных уравнений с комплексными числами. По сравнению с предыдущей задачей данная система усложняется тем, что вводятся дополнительные переменные, необходимые для устранения неопределенности в решениии – так называемый вектор невязок. Метод решения задачи является еще более длительным.

2.3. Анализ планируемой или ожидаемой ситуации.

В электрической сети постоянно возникает необходимость в различных переключениях, связанных с изменением ожидаемой нагрузки или ремонтами. Кроме того, необходимо предвидеть поведение электрической сети при неплановых изменениях режима или аварийных переключениях. Особенно важно предвидеть предвидеть поведение электрической сети при коротких замыканиях. Несмотря на то, что они редки, их последствия являются катастрофическими. Все это требует расчета потокораспределения в ожидаемых состояниях электрической сети. В сущности, <u>чем чаще выполняются такие расчеты, тем надежнее и экономичнее работает энергоситема</u>.

2.4. Анализ устойчивости

Анализ устойчивости режима энергосистемы выполняется с целью обнаружения допустимых пределов изменения параметров режима - напряжений, мощностей, токов, фазовых углов. Выход параметра за эти пределы может привести к тому, что система станет неуправляемой. Математически задача анализа устойчивости сводится к решению системы дифференциальных уравнений и расчету потокораспределения. Последний должен выполнятся многократно.

2.5. Экономичное распределение нагрузок

Задача необходима для того, чтобы распределить задания на генерируемые мощности между электростанциями. Известными (в результате прогноза) являются мощности потребителей. Наиболее распространенным методом решения такой задачи является следующий. Система уравнений задачи потокораспределения дополняется еще одной группой уравнеий, возникающих из условий минимизации суммарной стоимости генерируемых мощностей. Полученная система также формулируется в комплексных числах. Данная задача может решаться с различной периодичностью при планировании режимов работы энергосистемы. При этом результаты длительного планирования могут уточняться при краткосрочном планировании, что повышает экономичность энергоснабжения. Таким образом, и здесь <u>частота расчетов повышает экономичность энергоснабжения</u>.

3. Сравнительный анализ

В табл. 1 указаны основные операции с комплексными числами и комплексными матрицами, которые выполняются при расчете потокораспределения. Указано также среднее сокращение количества элементарных операций, достигаемое при использовании предлагаемого процессора. Возможны два типа арифметических устройств (АУ) - АУ для операций с комплексными числами – **CAU-N** и АУ для операций с комплексными матрицами – **CAU-M**. Они различаются по объему. В табл. 2 приводится их сравнение по объему, который может измеряться количеством элементов или площадью кристалла (при данной технологии изготовления). Там же указано сравнение процессоров по отношению

$$качество = быстродействие / объем$$

Таблица 1.

Тип арифмети-ческого устройства (АУ)	№	Операции с комплексными числами и матрицами, выполняющиеся по одной машинной команде	Эквивалентное количество операций с действитель-ными числами	Среднее сокращение количества элемен-тарных операций
АУ для операций с комплекс-ными числами CAU-N	1	Сложение	2	6.3
	2	Умножение	6	
	3	Деление	11	
АУ для операций с комплексны ми матрицами CAU-M	4	Сложение матриц 2*2	8	30.75
	5	Умножение матриц 2*2	52	
	6	Детерминант матрицы 2*2	14	
	7	Обращение матрицы 2*2	49	

При оценке сокращения времени преполагалось, что время вычислений сокращается пропорционально сокращению количества машинных операций и сокращению количества обращений к памяти

Таблица 2.

Тип арифметического устройства (АУ)	Относи-тельный объем	Относи-тельный объем процессора в целом	Относи-тельное увеличение быстро-действия	Качество
Традиционное АУ	0.2	1	1	1
АУ для операций с комплексными числами – CAU-N	0.4	1.2	6.3	5.25
АУ для операций с комплексными матрицами – CAU-M	1.6	2.4	30.75	12.8

4. Модификация компьютерной системы для диспетчерского управления

4.1. Автономная система

Added Computer System for Dispatching Control

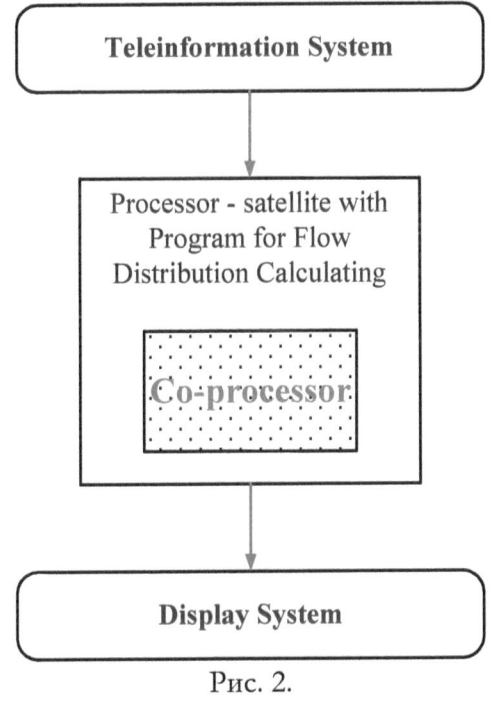

Рис. 2.

Внедрение новой системы не должно останавливать работу существующей компьютерной системы для диспетчерского управления. Поэтому на первых порах предлагается разработать дополнительную автономную систему, представленную на рис. 2. Она представляет собой обычный дополнительный компьютер (например, PC), подключенный к телеинформационной системе и системе отображения для диспетчера. Этот компьютер должен прежде всего решать задачу потокораспределения. В этот компьютер включается со-процессор **FCP**. При этом расчет потокораспределения существенно ускоряется.

4.2. Интегрированная система

Existing Computer System for Dispatching Control

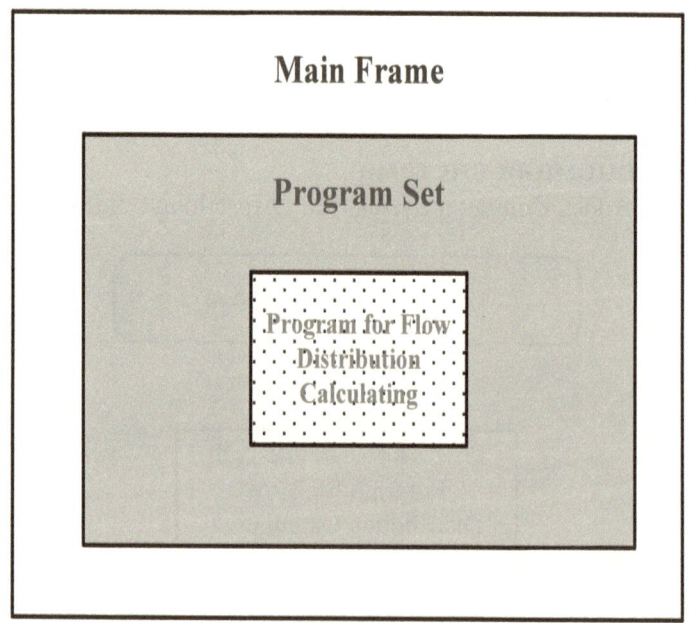

Рис. 3.

Существующую компьютерную систему для диспетчерского управления в контексте нашего анализа можно представить в виде рис. 3. Программа расчета потокораспределения интегрирована в комплекс программ главного компьютера. Предлагаемая компьютерная система для диспетчерского управления представлена на рис. 4. В этом случае главный компьютер соединяется с процессором-сателлитом. Программа расчета потокораспределения переносится из главного компьютера в процессор-сателлит. При этом главный компьютер освобождается от расчета потокораспределения, а во время этого расчета (на процессоре-сателлите) может решать другие задачи. В процессор-сателлит включается со-процессор **FCP.** При этом расчет потокораспределения существенно ускоряется.

Proposed Computer System for Dispatching Control

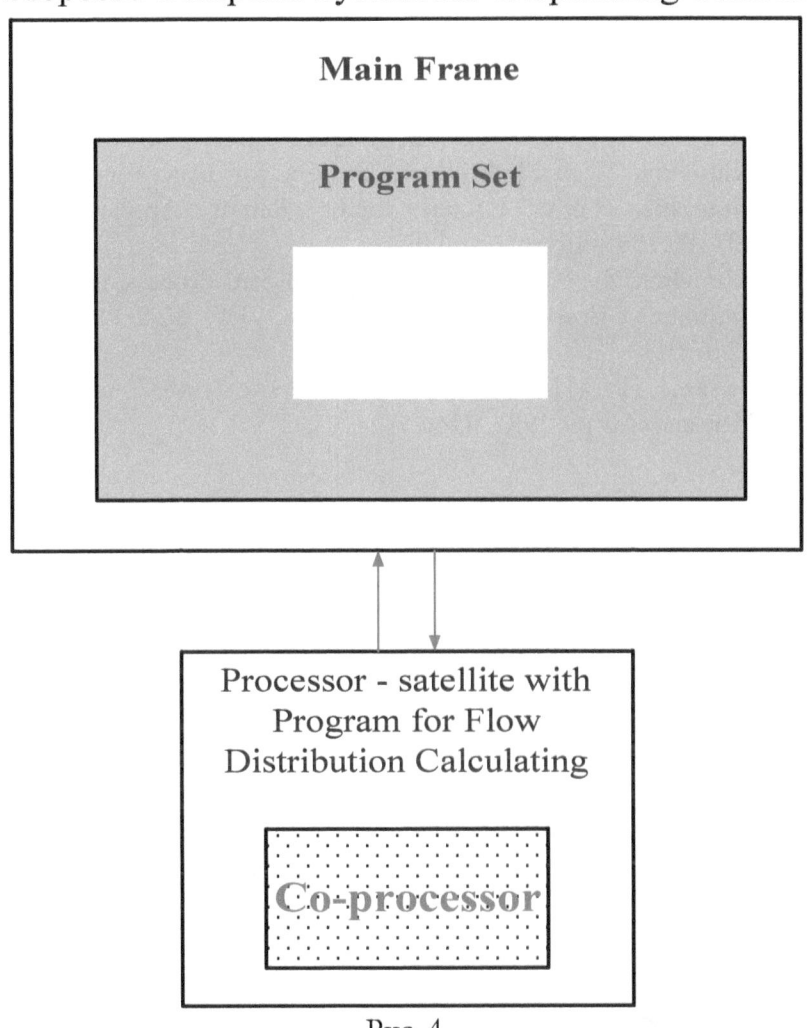

Рис. 4.

Литература

1. Хмельник С.И. Позиционное кодирование комплексных чисел и векторов, данный сборник.

2. Хмельник С. И., Дубсон И. С., Хмельник С. М., Видуецкий А. Е. Арифметическое устройство комплексных чисел, изд. «Mathematics in Computers», Израиль, 2004, напечатано в США, Lulu Inc., ID 95471,
http://www.lulu.com/content/95471.

3. Khmelnik S. A Method and System for Processing Complex Numbers. International patent application under PCT. PCT/CA01/00007, WO 01 50332 A2. Priority 05.01.00.

4. Khmelnik S. A Method and System for Processing Complex Numbers. USA, United States Patent Application No. 10/189,195. Priority 05.06.02.

5. Khmelnik S. A Method and System for Processing Complex Numbers. European Patent Office, EP 1248993. Priority 12.07.01.

6. Валях Е. Последовательно-параллельные вычисления. Москва, «Мир», 1985, 456с.

Авторы

Коварский Виктор Анатольевич, *Молдавия*.
Академик Молдавской Академии Наук.
Область научных исследований - физическая кинетика, релаксационная гидродинамика.

Колесник Р.Э., *Молдавия*.
rek01@mail.ru
Окончил ЛГУ в 1984 г.
Кандидат физико-математических наук.

Кононенко Дмитрий Анатольевич, *Россия*.
kononenko@s-energo.ru
Старший преподаватель, аспирант МГТУ "МАМИ", технический директор ООО "Союз-Энерго", Москва.

Локтев Владимир Иванович, *Россия*.
vilokt@rambler.ru
Кандидат технических наук, доцент кафедры теоретической и прикладной механики Астраханского государственного технического университета.

Мурашкин Владимир Владимирович,
Россия.
nekto_wladimir@mail.ru

В 1974 г. закончил физический факультет Харьковского государственного университета. Специальность - астроном. Пытался заняться наукой по специальности, но не понравилась ограниченность, секретность, бюрократичность... В 1978 г. ушёл из астрономии просто в школу (преподаю математику и информатику) и занялся проблемой сознания. 4 года ушло на вхождение в тему. В 1982 г. появилась хорошая точка опоры. 18 лет ушло на разработку темы. В 2000 г. начал распространять новые идеи о сознании.

Недосекин Юрий Андреевич, *Россия.*
meson@inetcomm.ru

Окончил в 1969 году физфак Томского государственного университета по специальности "Теоретическая физика".

Хмельник Михаил Ицкович, *Израиль.*
solik@netvision.net.il

Доктор физико-математических наук. Научные интересы –гидродинамика, теория фильтрации, ток в газах, математика. Имеет около 120 научных статей. Подготовил ряд кандидатов и докторов наук. Много лет работал доцентом, а затем профессором Московского государственного университета печати. Много лет был ученым секретарем семинара по гидродинамике при Институте проблем механики АН (СССР, а затем РФ), ученым секретарем секции физики Московского общества испытателей природы при МГУ. Почетный профессор Кыргызского государственного университета строительства, транспорта и архитектуры

Хмельник Соломон Ицкович, *Израиль.*
solik@netvision.net.il
Кандидат технических наук. Научные
интересы – электротехника,
электроэнергетика, вычислительная техника,
математика. Имеет около 150 изобретений
СССР, патентов, статей, книг.

Среди них – работы по теории и моделированию математических
процессоров для операций с различными математическими
объектами – комплексными числами, векторами, геометрическими
фигурами, функциями, алгебраическими и трансцендентными
уравнениями; работы по новым методам расчета
электромеханических систем общего вида, работы по управлению в
энергетике.

www.ingramcontent.com/pod-product-compliance
Lightning Source LLC
Chambersburg PA
CBHW031123180526
45160CB00001B/8